APRENDE-SE *com a vida*

Catalogação na Fonte
Elaborado por: Josefina A. S. Guedes
Bibliotecária CRB 9/870

Pizzi, Geneci Antonia
P695a Aprende-se com a vida / Geneci Antonia Pizzi. – 1. ed. – Curitiba :
2023 Appris, 2023.
168 p. ; 21 cm.

Inclui referências.
ISBN 978-65-250-4068-4

1. Sociedade. 2. Valores. 3. Tecnologia. I. Título.

CDD – 301

Appris editora

Editora e Livraria Appris Ltda.
Av. Manoel Ribas, 2265 – Mercês
Curitiba/PR – CEP: 80810-002
Tel. (41) 3156 - 4731
www.editoraappris.com.br

Printed in Brazil
Impresso no Brasil

Geneci Antonia Pizzi

APRENDE-SE com a vida

Appris editora

FICHA TÉCNICA

EDITORIAL	Augusto Vidal de Andrade Coelho Sara C. de Andrade Coelho
COMITÊ EDITORIAL	Marli Caetano Andréa Barbosa Gouveia (UFPR) Jacques de Lima Ferreira (UP) Marilda Aparecida Behrens (PUCPR) Ana El Achkar (UNIVERSO/RJ) Conrado Moreira Mendes (PUC-MG) Eliete Correia dos Santos (UEPB) Fabiano Santos (UERJ/IESP) Francinete Fernandes de Sousa (UEPB) Francisco Carlos Duarte (PUCPR) Francisco de Assis (Fiam-Faam, SP, Brasil) Juliana Reichert Assunção Tonelli (UEL) Maria Aparecida Barbosa (USP) Maria Helena Zamora (PUC-Rio) Maria Margarida de Andrade (Umack) Roque Ismael da Costa Güllich (UFFS) Toni Reis (UFPR) Valdomiro de Oliveira (UFPR) Valério Brusamolin (IFPR)
SUPERVISOR DA PRODUÇÃO	Renata Cristina Lopes Miccelli
ASSESSORIA EDITORIAL	Tarik de Almeida
REVISÃO	Simone Ceré
PRODUÇÃO EDITORIAL	Raquel Fuchs
DIAGRAMAÇÃO	Renata C. L. Miccelli
CAPA	Julie Lopes

AGRADECIMENTOS

Agradeço, acima de tudo, a Deus por iluminar os meus pensamentos e os meus passos todos os dias de minha vida.

Agradeço a meus familiares, que sempre foram meus maiores incentivadores.

Agradeço a meus professores, desde as séries iniciais até a conclusão de meus estudos, pois foram eles os responsáveis por tudo o que aprendi relacionado ao mundo das letras, do conhecimento e do saber. Ainda, agradeço a colegas e amigos.

Agradeço a todos que prestam serviço para a editora Appris: o bom atendimento, o esclarecimento, o carinho e a dedicação que tiveram comigo durante o processo da realização da obra.

Agradeço a todos que, de uma forma ou outra, contribuíram para que esta obra fosse realizada.

Em especial, agradeço a meu esposo, Jairo, e a meus filhos, Jaysa e Igor, que sempre estiveram ao meu lado, apoiando-me nos momentos de dúvidas e dando-me a liberdade de ausentar-me no momento da escrita. Vocês são as estrelas que iluminam minhas noites e o sol que ilumina meus dias.

Feliz aquele que transfere o que sabe e aprende o que ensina.

(Cora Coralina)

Nas grandes batalhas da vida, o primeiro passo

para a vitória é o desejo de vencer.

(Mahatma Gandhi)

APRESENTAÇÃO

Querido(a) leitor(a)!

O objetivo da escrita desta obra é proporcionar a você um conhecimento amplo e diversificado sobre vários assuntos. Desejo que ela leve a sua casa, a sua escola, a sua comunidade criatividade, imaginação e senso crítico, e amplie sua habilidade e seu gosto pela leitura. Ao mesmo tempo, esclareça-o de que a leitura da palavra é precedida da leitura do mundo.

Para enfrentar os desafios da vida, é preciso apropriar-se de novos conhecimentos. Atualizar-se com a evolução da sociedade. Ninguém é apenas aprendiz, pois todos sempre têm também algo a ensinar. A busca nunca cessa, porque cada novo aprendizado traz sempre uma nova dúvida, um novo questionamento, uma nova curiosidade, milhões de possibilidades. Aprende-se com os acertos, com os erros, com as coisas boas, porém com as coisas ruins também se aprende, ainda que pareça não fazer sentido.

Para aprender, é preciso, sim, estar pronto a receber, mas também é preciso estar disposto a dar. Os últimos dois anos foram de muito aprendizado. De repente, sem ter tempo de se preparar, o modo de funcionamento da sociedade, do cotidiano, foi alterado profundamente. Família, escola, empresas reinventaram-se na descoberta de caminhos, de formas de ensinar e aprender.

Sendo assim, meu desejo é de envolvê-lo na leitura e nas informações aqui contidas. E que seja uma fuga, um alheamento da própria vida e dos seus problemas. Minha realização é que, por meio de cada palavra, seu mundo interior se conecte com a minha escrita e vislumbre um mundo que transcende o dia a dia que o envolve. Desejo ainda que seja uma oportunidade de descobertas e que amplie seu conhecimento e seu crescimento na vida pessoal, educacional, cultural e social.

SUMÁRIO

1

APRENDIZADO DA VIDA

A vida é um eterno aprendizado. Não podemos afirmar que sabemos tudo, pois a cada dia vivenciamos uma nova experiência e sempre nos deparamos com algo novo. Na longa estrada da vida, passamos por decepções, conquistas e tristezas. Por pessoas que passam despercebidas e por outras especiais que ficarão para sempre em nosso coração.

Nada acontece por acaso. Às vezes passamos por situações que nos fortalecem como seres humanos de alma e coração. Precisamos ser fortes para vencer nossos obstáculos, porque nem sempre ganhamos. Algumas vezes temos perdas, e com elas aprendemos também.

Às vezes não trilhamos a estrada certa; em determinado momento nos desviamos e nos perdemos nas incertezas da vida. Porém, refletimos, analisamos e percebemos que existem outros caminhos, outras oportunidades, e, com a permissão de Deus, acabamos voltando para o lugar certo.

Tudo na vida passa e marca. Marcas boas e ruins! Mas o que vale mesmo é o que fica como conhecimento. Somos eternos aprendizes! E felizes e grandiosos são aqueles que aprendem e ensinam, erram e tentam acertar, caem e levantam-se, recebem e doam, amam e são amados sem nunca desistir.

Não podemos exigir todas as coisas que desejamos agora, hoje, pois tudo tem seu tempo, e devemos ter a paciência e a sabedoria de esperar. Muitas vezes "a pressa é inimiga da perfeição", e o que seria fácil passa a ser difícil.

No entanto, o que podemos afirmar é que aprendemos com os erros, com os acertos, com as certezas e as incertezas, com as idas e vindas, com sorrisos e lágrimas, com os caminhos retos e tortuosos. Enfim, cada acontecimento nos mostra e nos direciona a sermos transformadores, e evolui quem reconhece que é necessário mudar para crescer.

2

É NA CONVIVÊNCIA QUE SE APRENDE

Devemos nos manter sempre pacientes, pois assim ficamos calmos, serenos, o que é necessário para a tomada de decisões. A impaciência faz com que se tomem atitudes precipitadas, que podem levar ao arrependimento.

Desfrute dos momentos bons e valorize a companhia de pessoas que o amam e lhe querem bem. Busque novos amigos, mas não deixe de cultivar os antigos, porque eles têm grande importância em sua vida. Cultive os sentimentos bons e contenha a inveja. Esse tipo de sentimento só lhe fará mal e trará infelicidade e amargura, impedindo-o de prosperar.

Aproveite cada minuto de seu tempo. O dia tem 24 horas: é o bastante para fazer as coisas que lhe faz bem, pois cada minuto ou segundo é muito valioso!

Não desista com as quedas. Elas servem como um andaime para se chegar ao topo do aprendizado. Alimente sua alma lendo um bom livro, assistindo a um bom filme. A cultura amplia os horizontes e serve de inspiração para sua vida. Ajude as pessoas necessitadas, dê amor a quem precisa e sorria para os idosos, brinque com as crianças. Atitudes assim não têm preço e darão um sentido maior à sua vida.

As decisões devem ser tomadas quando não estiver zangado. Analise com calma, assim você pode encontrar novas possibilidades e soluções. Invista o tempo livre em atividades prazerosas. Seja feliz hoje! O ontem já passou, o amanhã é um mistério e pertence ao destino programá-lo. Seja sempre otimista, porque posturas negativas sugam sua energia e prejudicam a saúde.

Em nenhum momento se acomode, pois sempre se encontra algo bom e satisfatório para fazer. Crie, invente, amplie seus horizontes! Não tenha mágoas nem rancores. Esses sentimentos só lhe fazem mal e impedem sua mente de pensar. Não se aborreça pelas coisas fúteis, sem valor; se souber absorver somente o que é bom para sua vida, certamente evitará várias doenças emocionais e idas ao médico.

Determine metas para seus dias, no trabalho, na vida pessoal e profissional, pois sempre há um desejo maior, e consegui-lo depende muito de você. Nunca se esqueça de agradecer sempre que alcançar algo desejado. Seja grato a quem participa de suas conquistas.

Saiba valorizar todas as fases da vida. A alegria da infância, as aventuras da juventude, a liberdade da maturidade e o conhecimento, a experiência e a sabedoria da velhice.

3

REUNIR A FAMÍLIA É SAUDÁVEL?

Certamente reunir-se com a família é saudável, pois desde que fomos gerados mantemos vínculo com os pais e construímos o primeiro padrão de segurança. Desde que nascemos até o fim de nossas vidas, temos um elo de amor que nos une. Por mais diversas que sejam as ideias e experiências, há um elemento que nos agrega e que nos envolve no sentimento de pertencer e identificar uns com os outros.

Mesmo sendo maior ou menor, a família marca a vida dos seus membros. Opiniões, conflitos, sensações, memórias, desejos, alegrias, estímulos, sonhos, realizações, tudo pode girar em torno do universo familiar. Sendo assim, a união familiar, ou sua falta, desempenha um papel fundamental na formação da pessoa.

As reuniões familiares funcionam como terapia, porque oportuniza interação, descontração, afeto e reforçam os laços entre todos, dando uma noção de continuidade e renovação. Todo momento em família é oportunidade para que se encontrem pai, mãe, filhos e pais, netos e avós... Cada encontro é um momento para demonstrarmos às pessoas que convivem conosco quanto as amamos. Devemos fazer de cada momento em nossa família um tempo único e especial.

As datas festivas, como aniversário, Natal, Páscoa, são os melhores momentos para as reuniões familiares e são muito importantes na construção de laços familiares. As tradições sempre seguem de geração para geração.

Muitas vezes somos envolvidos pela rotina e deixamos de fazer as coisas boas com as pessoas que amamos por falta de iniciativa; um espera pelo outro, e o tempo passa sem que se faça nada de diferente. No entanto, há formas simples de quebrar a falta de iniciativa. Pode-se, por exemplo, decidir que todos os meses há um encontro e ir revezando o organizador. Desse modo, todos se envolvem e participam dos encontros, sendo uma forma de variar mais. Jantares, almoços, viagens, jogos e outras coisas que se pode fazer juntos e que geram momentos agradáveis.

As refeições em família são muito importantes, mesmo que aconteçam poucas vezes por semana, mês ou ano. Ajudam na organização e disciplina e favorecem bons hábitos alimentares. Além da confraternização, as refeições em conjunto têm mais benefícios e são uma excelente oportunidade para se conversar sobre tudo, olhos nos olhos, com atenção e carinho.

Outra coisa que dá prazer e se torna uma diversão é cozinhar em conjunto, porque trocam-se experiências, conhecimento e descobre-se a preferência e o gosto de cada um.

4

O MOMENTO DAS REFEIÇÕES É ÚNICO E SAGRADO

Fazer uma boa alimentação vai muito além de escolher alimentos nutritivos. A refeição é um momento único e sagrado que deve ser degustado com calma e prazer. E isso inclui hábitos que são importantes e benéficos. São atitudes como sentar-se à mesa e fazer uma oração de agradecimento pelos alimentos.

Dedique-se a esse momento, sem concentração em televisão e celular. Se tiver a oportunidade de comer na companhia de familiares, de amigos, será ótimo! Sabe-se que esses momentos especiais proporcionam sensações de prazer e bem-estar. É importante trazer assuntos saudáveis para a mesa: falar sobre o livro que está lendo, sobre o filme a que assistiu, sobre a aula que teve no dia, sobre o amigo legal que conheceu. Trocar informações, percepções.

Os pais são os grandes responsáveis por incentivar os filhos a sentar-se à mesa e mostrar que o ambiente é propício e agradável, dando oportunidade para cada um expor suas ideias ou opiniões. Esse é um momento que precisa ser prazeroso. As crianças não podem se sentir recriminadas por dialogar e opinar no horário da refeição. Porém, cabe aos pais moldar os filhos e mostrar de forma respeitosa e amorosa o caminho do bem.

Fazer as refeições em família e estimular a conversa ajuda a criar filhos mais confiantes. Os benefícios vão desde crianças mais aptas a dialogar e argumentar na escola, até se sentirem mais seguras ao terem de falar em público ou fazer apresentações na classe.

Mas não basta só uma mesa linda e decorada e a família reunida. É importante também proporcionar o diálogo. Muitas famílias se reúnem por hábito, mas não trocam informações, não conversam, seja porque estão no celular, seja porque estão assistindo à televisão enquanto comem.

Nos dias de hoje, cada vez menos as famílias se reúnem à mesa, pelo motivo da correria, do tempo acelerado e do horário de trabalho diferente. O tempo escasso é o grande responsável pela perda desse momento, que pode ser considerado sagrado. Assim, a família, a comunidade, todos em geral acabam sofrendo as consequências da desagregação.

Os momentos à mesa fortalecem a comunicação entre os membros da família, pois é quando todos têm a compreensão da escuta e da fala. Ainda, promovem a união, a comunhão e certamente trarão benefícios e serão lembrados para sempre.

Estar com a família é sempre bom, mas a mesa é um altar que precisa ser restaurado dentro das casas. Nada substitui esse momento sagrado. Precisa-se aos poucos ir avançando na prática de se reunir à mesa, pois é uma benção de Deus. É um momento mágico de encontros com quem se ama.

Outro fator que deve ser levado em consideração é o perigo da falta de socialização devido ao uso indiscriminado das redes sociais. Não dá mais para deixar de observar as pessoas em locais de diversão, como bares, restaurantes ou praias, que preferem ficar manuseando os dispositivos móveis a conversar entre si, respondendo muitas vezes de forma monossilábica às perguntas que lhes são feitas ou até mesmo não vendo o que se passa ao seu redor.

Segundo estudos, quem tem o hábito de se servir, sentar-se à mesa e pegar o celular para dar uma olhada em como andam as "postagens" no Facebook, no Instagram ou as notícias do jornal pode engordar, além de irritar quem está sentado ao seu lado. Quem come entretido com o smartphone consome 15% a mais de calorias na refeição — em média, cerca de 80 calorias extras. Já ler um texto aumenta a ingestão energética em 20% — 101 calorias a mais.

Alguns pais na hora das refeições perdem a paciência quando o filho não quer comer. Os pais, aflitos e cansados de insistir, ligam a TV ou o tablet, com desenhos que o filho adora. Aí, para o alívio dos adultos, o pequeno come tudo sem reclamar. Já viu esse filme? Pois é, tem horas que parece não ter jeito. Mas os especialistas alertam: o hábito de distrair a criança na hora de comer tem efeitos negativos, já que ela não presta atenção no que está comendo, não sente o sabor dos alimentos, perde a noção da saciedade e fica longe do convívio familiar.

O ideal é evitar que o hábito se instale, mas, se comer na frente de aparelhos eletrônicos é um costume na sua casa, saiba que sempre dá para mudar. A postura dos pais é fundamental nessas horas. Por mais difícil que seja, evite usar o celular na hora das refeições, pois, além de aprender pelo exemplo, a criança pode questionar por que os adultos podem usar um aparelho eletrônico e ela não.

Sendo assim, se seu filho já consegue entender e interagir, procure explicar-lhe a importância de sentar-se à mesa com a família e prestar atenção ao que está acontecendo. No começo pode ser difícil para ele se adaptar à nova regra. Mas será preciso insistir para que a mudança aconteça.

5

EM SUA CASA A MESA É UM MÓVEL PARA ORNAMENTAR A SALA?

Em nossa casa a mesa nunca foi uma peça decorativa que serve para compor o ambiente da casa e deixá-lo mais bonito. É, sim, um lugar sagrado para reunir a família e os amigos na hora das refeições. Momento esse de compartilhar os alimentos e o bom bate-papo.

Prezamos muito os valores e os hábitos aprendidos ainda na infância. Incrementar esse momento diante da mesa potencializa a comunicação entre nós, membros da família, pois é quando todos têm a oportunidade de se posicionar face a face, escutando e falando igualmente. Esses momentos são preciosos para nós, porque beneficiam-nos no amor, na paz, na união, e trazem-nos crescimento. E ainda serão lembrados para sempre. Nota-se que, quando os momentos são compartilhados, nos tornamos seres humanos mais próximos, resultando na conquista de uma intimidade maior e de mais confiança.

Nós pais sempre damos exemplos e animamos os filhos, mostrando a importância de sentar-se à mesa, de fazer as refeições juntos no mesmo horário e sem celulares. A mesa é ato de decisão importante, é necessário pulso firme e persistência com os filhos. Quando possível, usamos a criatividade para atraí-los a sentar-se à mesa com prazer e alegria. Maneira essa de proteger nosso lar. Manter união, diálogo, afeto, amor e respeito. Sendo assim, em nosso lar arrumamos a mesa três vezes ao dia, agradecemos pelos alimentos e compartilhamos o momento das refeições.

Gostamos de preparar nossos próprios alimentos. É sempre um prazer cozinhar. Quando nos reunimos, é sagrado compartilharmos o fogão para preparar o jantar. Envolvemo-nos, e cada um colabora de uma forma. Conversamos, ensinamos, aprendemos e, principalmente, ampliamos a convivência e reforçamos a união familiar. O tempo torna-se pouco para fazermos tudo o que queremos, pois é um momento muito prazeroso! Acontecem situações engraçadas, sustos, queimados, receitas que dão certo, receitas que dão errado, mas é muito divertido! Momentos únicos que ficarão como ótimas lembranças.

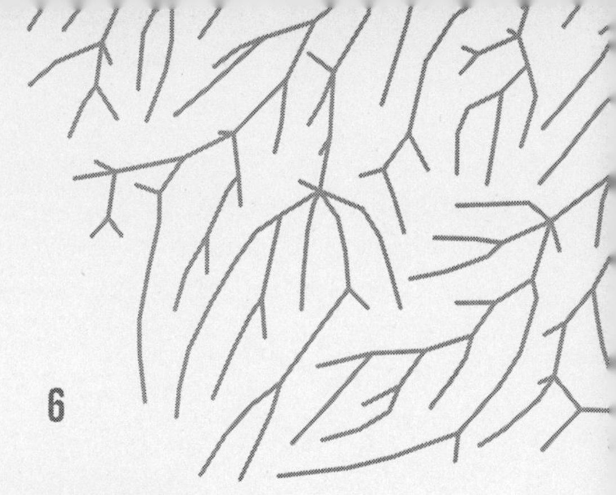

6

VIDA SAUDÁVEL

Sabe-se que os exercícios em geral são um bom meio para se obter uma condição física saudável. Todo exercício tem seu valor. Seja no esporte, na academia, natação, seja por lazer ou necessidade, sempre terá benefícios.

A atividade esportiva é valiosa, porque reforça valores morais adequados e hábitos que valorizam a qualidade de vida. Fazer exercícios não tem idade. O importante é que seja bem orientado e que siga um programa adequado às necessidades de cada um.

Criar o hábito da atividade física é um comportamento para a promoção de um estilo de vida saudável, tanto na infância e juventude quanto na fase adulta. O incentivo deve vir dos pais desde cedo, pois a criança que pratica atividade física tem uma qualidade de vida melhor. Ela controla seu peso, fica mais tranquila, dorme melhor, melhora o seu humor e sente-se mais feliz. São inúmeras as atividades que uma criança pode praticar, como natação, todos os jogos esportivos, corrida, andar de bicicleta, dançar e as mais variadas brincadeiras.

Incentive a atividade física dos seus filhos, pois os jogos eletrônicos são interessantes, mas não devem ser a única opção de lazer. Lembre-se que o exemplo pode partir dos pais. Em momentos de lazer, volte a ser criança e descubra outro mundo em companhia de seus filhos. A atividade física aproxima a família e proporciona momentos inesquecíveis para toda a vida. A prática de atividade física regular é considerada um hábito de vida saudável e necessário.

Motivar a criança a participar de atividades físicas na infância ajuda a aumentar o interesse na vida adulta. Os exercícios devem ser prazerosos e servir como motivador pessoal; se não houver satisfação em sua realização, dificilmente serão mantidos. Sentir-se apoiado e incentivado pelas pessoas próximas aumenta o prazer de realizar atividade física.

Portanto, as atividades físicas, sem dúvida, proporcionam alta qualidade de vida. Praticar exercícios regularmente ajuda a manter uma boa saúde mental e corporal, em qualquer idade.

Outro aspecto importante para se viver melhor é a alimentação saudável. O que se come influencia diretamente a qualidade de vida. Todo o excesso é prejudicial. É preciso começar desde pequeno com bons hábitos alimentares. A mudança é importante para todos da família. O incentivo e o bom exemplo devem partir dos adultos; procurar sempre acrescentar os produtos naturais à mesa, usar a criatividade nos pratos. Podem-se fazer muitas receitas de legumes e vegetais; usar a criatividade para colorir os pratos; atrair as crianças pelas cores e pelos sabores; procurar tomar água ou suco natural e evitar os refrigerantes e qualquer outro alimento industrializado.

Hábitos alimentares requerem o comprometimento de todos da família, mas todo e qualquer ser humano pode mudar para uma vida mais saudável. Melhorar a qualidade de vida depende de cada um. Iniciar uma atividade física e fazer uma boa alimentação saudável não só muda o presente como trará benefícios futuros.

7

COMO É A VIDA DE NOSSAS CRIANÇAS NOS DIAS DE HOJE?

Percebe-se que a tecnologia virou uma armadilha que prende as crianças em frente à TV, ao computador, ao videogame ou ao celular. Aliás, não se veem mais crianças brincando, a não ser com um desses aparelhos que as atrai de tal forma que não conseguem se libertar nem mesmo na hora das refeições e na hora de dormir.

Os brinquedos são peças decorativas no quarto da criança; objetos simbólicos. A tecnologia chegou e acabou contribuindo para que as crianças mudassem seus hábitos e conceitos sobre o que é diversão, principalmente com acesso a tantos meios de comunicação que oferecem os mais variados programas. As crianças de hoje vivem a era dos smartphones. Estão cercadas pela tecnologia, e os pais cada vez mais sem tempo para lazer. Uma geração de crianças hoje cresce sem saber brincar, perdendo parte importante de sua formação.

Nos dias de hoje, brincam cada vez menos, pois ficaram dependentes dos brinquedos e dos produtos tecnológicos que o mercado oferece e que os pais têm comprado. Percebe-se que são motivados mais pelo marketing que pela consciência de que esses produtos são adequados.

Raramente se veem hoje pais e mães brincando com seus filhos. A vida agitada, o trabalho, a falta de tempo de lazer e a invasão de smartphones, videogames, computadores e celulares estão mudando, transformando os vínculos familiares e o tempo de lazer.

Falta diálogo, compartilhamento, brincadeiras, e há distância dos membros da família. Nas escolas, o tempo livre é o recreio, mas não se fazem atividades porque o tempo é cada vez menor. As crianças estão dependentes do direcionamento dos adultos. As crianças que crescem sem brincar pintar, dançar, criar estão queimando uma etapa importante no seu desenvolvimento, fases que acabam sendo vivenciadas mais tarde na adolescência e na idade adulta.

8

CONVÍVIO SOCIAL

A sociedade constitui o ser humano do início ao fim de sua vida. Relacionar-se com outras pessoas é uma necessidade constante para o bem-estar psíquico e também físico. "A solidão adoece e o encontro enriquece e fortalece". A vida social possibilita crescimento e aponta oportunidades.

A construção de laços sociais começa desde o nascimento com vínculos com a mãe. Depois cada etapa vai constituindo novas redes de relações. O ambiente escolar na adolescência, os colegas da faculdade, o casal, os grupos de terceira idade. A sociedade constitui-os para toda vida,

Percebe-se que depois do surgimento dos celulares os encontros pessoais diminuíram, pois há quem deseje se comunicar por meio das redes sociais, mesmo estando perto. Percebe-se que cada vez mais se usam telefones celulares. Aparelhos que estão se transformando em um dos principais obstáculos para a comunicação interpessoal. Os celulares aproximam-nos dos que estão longe, mas cada vez mais afastam os que estão próximos.

É difícil estar com amigos hoje em dia sem o telefone celular. As pessoas levam-no na mão como uma carteira com dinheiro e documentos, ou colocam-no ao ouvido ou vibrando e tocando no bolso da calça. Quase ninguém quer se separar dele. É como se algo terrível pudesse acontecer, se não o mantiverem perto.

A sensação é de rejeição quando no meio da conversa alguém prefere ficar no celular batendo papo com amigos ou familiares distantes. A mensagem é clara: quem está longe tem mais importância do que quem está ao seu lado. Estar com um celular na mão no momento em que se está reunido com amigos ou familiares significa não estar 100% nesse lugar. Está, sim, mas de corpo, porque sua atenção está dividida.

Portanto, o verdadeiro conforto ou luxo neste século é conversar sem o celular. Elegante é aquele que consegue dialogar com amigos, colegas e familiares sem a presença de um celular. Feliz é aquele que consegue se comunicar olhando nos olhos e sorrir de alegria em poder abraçar e sentir a energia e o calor humano.

9

SER AMIGO E TER AMIGOS

A amizade é muito importante para todos, uma vez que ninguém consegue viver sozinho. Conhecemo-nos por meio da relação que temos com o outro.

Ser amigo e ter amigo é experiência de afeto e sentimento que se pode viver uns com os outros. Tem-se a liberdade de expressão e de compartilhar conhecimentos de uma maneira sincera e espontânea. Nesse tipo de relação de confiança recíproca, acontecem os encontros, a diversão, o bate-papo, a interação social.

É pelas relações de amizade que se consegue transmitir os sentimentos e se aprende a ter autonomia sobre todo tipo de escolha, incluindo sobre as próprias amizades.

A amizade começa nas relações sociais, o desenvolvimento inicia-se desde a admiração e simpatia por determinada pessoa. De início, vai se conhecendo a pessoa aos poucos e logo se começa a ter um maior contato. Com o passar do tempo, cria-se um laço de aproximação cada vez mais forte. Passa-se a vivenciar as mesmas alegrias e descobre-se que nos momentos difíceis ela também se faz presente.

Pode-se nomear a amizade como um fruto bom. Assim como a própria semente, quando plantada, precisa ser regada, a amizade também necessita desse cuidado. Precisa-se de atenção, afeto, respeito pelas diversidades, paciência, compreensão e cumplicidade.

Quem vive uma boa amizade sabe que nem sempre serão somente flores, e é justamente nesses momentos que a amizade demonstra toda sua essência; no perdão e na humildade de reconhecer que nada no mundo é mais forte do que a amizade verdadeira e recíproca.

Existem vários tipos de amigos: os divertidos, os tímidos, os sinceros, os bagunceiros, entre outros. Mas os que mais valem a pena são os sinceros, que, independentemente do que aconteça, o apoiam sempre. Mesmo em momentos ruins da vida, estarão presentes. Amigos são importantes para poder desabafar, conversar, ter confiança para contar o que sentimos ou nos deixa magoados, pedir conselhos, opiniões em determinado momento de nossa vida e como enfrentar as dificuldades à nossa volta.

Encontram-se e fazem-se amigos na escola, na rua, no futebol, nas baladas; enfim, cabe a você saber em quem confiar e escolher como amigo. Deve-se saber que amigo não é aquele que pede uma carona, que vende algo ou compra algo de você, mas sim aquele que o tira do sufoco, do escuro, que tenta devolver o sorriso, quando não se tem mais vontade de sorrir; que lhe estende a mão para se levantar quando caído, que enxuga suas lágrimas quando chora. Conquistam-se amigos por uma conversa ou por um simples gesto de atitude e educação. Criam-se amigos por um lindo laço chamado amor e carinho.

Os verdadeiros amigos estão com você sempre, não importa o tempo nem a distância. Estão sempre torcendo por você, intervindo em seu favor e esperando um momento disponível para abraçá-lo e conversar. E, quando o tempo passar e a idade aumentar, não existe papo mais gostoso do que o dos velhos amigos. As histórias e recordações dos tempos vividos juntos, das viagens, das férias, das noitadas, das paqueras e tantos outros assuntos que relembram os momentos compartilhados juntos.

Amigos falsos usam-no apenas para que possa alegrar a vida deles, escutar seus problemas. Não sabem ouvir, não têm essa capacidade. Usam-no para não saírem sozinhos ou mesmo o levam aos lugares para competir com você.

Observe o tipo de amizade que você tem escolhido para si mesmo e, se tiver alguma desconfiança, reflita. Pergunta-se também: que tipo de amigo você tem sido? E depois veja se o que deseja para sua vida está compatível com as amizades que tem. Percebe-se que nos dias de hoje as pessoas não se importam mais com a qualidade dos amigos presentes, e sim com a quantidade.

Muitas vezes, procura-se algo no outro sem saber ao certo o que se deseja. Parece que a busca está em obter multidões de amigos, provocando o armazenamento deles, vide Facebook. A exposição é máxima, porém a falta do conhecimento do que faz sentido, do que é verdadeiro e íntimo acaba ajudando a aumentar a ansiedade das pessoas. Ter muitos amigos não significa que você tenha amigos de verdade.

10

OS RELACIONAMENTOS NAS REDES SOCIAIS GANHARAM FORÇA NOS ÚLTIMOS TEMPOS

Percebe-se que as redes sociais estão se tornando um instrumento que atrai os relacionamentos, sejam eles de amizade, sejam familiares ou românticos. Não se pode dizer que Facebook, Instagram, Snapchat, Twitter são de todo mal, mas o fato é que eles mudaram a forma de se relacionar com outras pessoas.

As redes sociais ocupam um lugar na vida das pessoas que jamais se esperou. Em vez de viverem a vida de forma saudável, feliz e inteligente, para seu próprio prazer, as pessoas agora vivem em função dos outros. Muitas vezes de pessoas que nunca viram na vida real. E, mesmo não conhecendo, não sendo íntimas da pessoa, curtem, comentam suas "postagens", mas, quando a encontram na rua, no mercado, não trocam uma palavra com ela, nem sequer a cumprimentam. Isso acontece porque as redes sociais têm o poder de criar uma falsa sensação de intimidade, de amizade. Porém, todos deveriam estar conscientes de que isso não é intimidade e fidelidade, porque as amizades duradouras são construídas aos poucos, à medida que vão se conhecendo. Sabem costumes, hábitos e sentimentos. São construídas em bases sólidas.

Registrar um grande número de contatos nas redes sociais pode levar a pensar que está cercado de pessoas para lhe apoiar quando precisar. Na verdade, não é bem assim. Fala-se apenas de números, e não de amigos reais e verdadeiros. Observando bem, dá uma impressão de que os grupos reforçam a união entre os participantes. No entanto, quando algo acontecer na vida real, logo se percebe que isso não é bem verdade. O ciclo da verdadeira amizade é, basicamente, formado por alguns poucos amigos mais próximos que nos conhecem muito bem.

A velocidade com que as informações são trocadas é assustadora, porque nem sempre são informações boas e verdadeiras. Sempre há as prejudiciais. A forma como as informações são trocadas parece ser perfeita, porém cada vez mais superficial.

A falta de conhecimento, de afeto, de amor, ou seja, de humanização dos contatos virtuais, ajuda a aumentar o individualismo. Afinal, é bem mais fácil enviar uma mensagem de texto do que procurar a pessoa. Cada vez menos se está reservando um espaço na agenda para sair, jantar, fazer um passeio, tomar um café, assistir a um filme com amigos, assistir ao jogo juntos, porque isso requer mais comprometimento.

Por outro lado, as redes sociais permitem que você se conecte com amigos de infância que nem sequer sabia onde estavam, com parentes distantes, familiares e colegas.

Atualmente é comum se dar mais atenção para os celulares e aos conteúdos neles contidos a estar com os familiares e os amigos. Muitos acabam se esquecendo de prestar atenção no que está acontecendo a sua volta. Às vezes afastam alguns amigos, que se sentem diminuídos.

Portanto, há vantagens e desvantagens em relação às redes sociais. As vantagens é que proporcionam uma grande facilidade para comunicação, pois permitem a interação com muitas pessoas, independentemente de se estar perto ou longe. A comunicação virtual tornou-se mais atraente para muitos que a usam. Facilita a busca por velhos amigos, familiares, possibilita encontrar aqueles de que não se tem notícias há tempo. Assim, é possível se aproximar deles e encontrá-los na vida real. Ainda oportuniza conhecer as ofertas de emprego, anúncios, ofertas de preços dos produtos. Enfim, são muitas as vantagens para quem sabe fazer uso correto das redes sociais.

As desvantagens são as informações falsas usadas por qualquer um, sem que os usuários saibam disso; o compartilhamento de *fake news*; o tempo livre que se gasta on-line e não se presta atenção nas pessoas ao redor; o vício de estar sempre conectado. O compartilhamento de tudo o que acontece com você e sua família poderá levar informações a pessoas mal-intencionadas que podem vir a prejudicá-lo.

Sendo assim, o perigo maior é quando as pessoas começam a usar toda a sua atenção no celular, quando deveriam estar atentas ao local onde estão no momento.

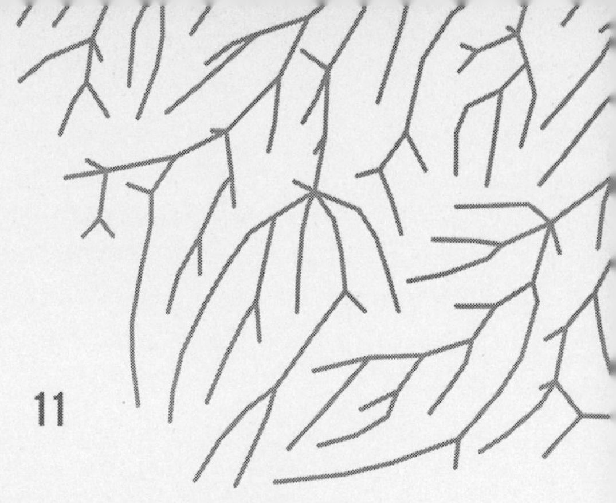

11

A IMPORTÂNCIA DO DIÁLOGO

Dialogar é o caminho da permanente construção da vida social, familiar e individual. Segundo especialistas, a ausência do diálogo permanente, em todas as esferas das relações humanas, oportuniza o nascimento de descompassos, as mazelas de escolhas e atitudes.

Somente pela via do diálogo os muitos segmentos da sociedade construirão uma cultura que sustente princípios e legalidades. Dialogar qualifica a capacidade humana de se dirigir ao outro, nas diferenças e nos parâmetros racionais das oposições. Somente o diálogo constrói entendimentos que levam à compreensão das mudanças.

A modernidade trouxe o celular, o WhatsApp, o Facebook, o e-mail, o torpedo, o SMS. Surgiram tantos aparatos que facilitam a comunicação e que, dia após dia, especializam-se que você desaprende a falar cara a cara, a resolver as pendências, a conversar pessoalmente.

Escreve-se um recado no WhatsApp e espera-se o sinal de que foi visualizado para saber que houve comunicação, que se deu a fala. Pelas redes sociais pode-se tudo, não há limites para o que será dito e como será dito, afinal o outro não está ali. E assim surgem as ideias e razões sempre. Aí os inúmeros mal-entendidos surgem fortes, firmes, as dificuldades de compreensão aparecem.

Diferentemente de quando há o diálogo. No diálogo, você ouve o que outro diz; além disso, escuta o outro. Parece não ser importante, mas o diálogo aberto, a conversa direta, abre um espaço maior para perceber a empatia, ajuda os entendimentos a ocorrerem de forma mais completa.

Portanto, dialogar pessoalmente é muito importante, pois aprende-se a escutar e aprende-se o que falar e como falar.

Mas será que se dá importância ao diálogo? Antes de responder, poderia pensar um pouco sobre as atitudes com relação ao comportamento. Qual é a sua reação quando precisa resolver uma situação em uma relação? Será que sabe a hora de falar e a hora de ouvir?

Em todos os tipos de relação, em todas as situações, o diálogo é o melhor caminho. Na relação pais e filhos, entre amigos, entre homem e mulher, na relação entre os familiares. Por mais diversas que sejam as situações, deve-se sempre conversar, expor os pensamentos, os sentimentos sem nenhum constrangimento, e abrir espaço para que o outro também fale sem medo, sem receio e aprenda a ouvi-lo.

12

QUEM NUNCA DEU OUVIDOS A UMA FOFOCA OU ATÉ FEZ UMA FOFOCA?

A fofoca nem sempre é uma coisa ruim, mas ela pode ser prejudicial. No entanto, deve-se aprender a diferenciar uma fofoca inofensiva de um tipo de fofoca que machuca as pessoas.

Há sempre alguém que espalha fofoca, e a maioria faz isso uma vez ou outra. De fato, geralmente se ouve fofoca de segunda ou terceira mão. Pode-se perceber a diferença entre soltar uma novidade sobre uma pessoa ou um incidente com alguém confiável e espalhar uma informação errada.

Seres humanos são criaturas sociais, e a fofoca é parte da estrutura da sociedade. Segundo estudos, a fofoca pode manter as normas sociais e manter os piores instintos da pessoa se perceber que alguém está prestando atenção no que estão fazendo. Sendo assim, a fofoca também pode destruir reputações de uns e aumentar o status de fofoqueiros à custa de outras pessoas.

O problema por trás da fofoca é que às vezes você está espalhando uma fofoca sobre alguém porque você está com raiva da pessoa ou de alguma coisa que ela fez. A fofoca é um poço de contradição. Os indivíduos fofocam, mesmo acreditando que não deveriam fazê-lo. Ela, por sua vez, pode proteger a reputação de um e ao mesmo tempo destruir a de outro, podendo ainda estabelecer um laço entre duas pessoas que estão traindo a confiança de uma terceira.

Tempos atrás, a fofoca do momento em geral era espalhada de boca em boca. Hoje, porém, usa-se alta tecnologia para isso. Por meio de e-mails e mensagens instantâneas, WhatsApp, Facebook, Instagram e outros. Basta digitar algumas palavras, e um boato malicioso está a caminho de dezenas de destinatários ansiosos para saber das novidades. E assim os comentários surgem, pois nota-se o prazer que se sente em opinar quando se trata de fofoca. Ainda mais comuns são os blogs, os sites que contêm várias fofocas que nunca se contaria pessoalmente.

Às vezes, em vez de desabafar com quem encontra no caminho, no trabalho, no ambiente escolar, deve-se descobrir a solução para a raiz do problema. Em alguns casos, o que tem que se fazer é remover alguém do meio social. Afastar-se de pessoas que querem o mal do outro, porque o que você não quer para si não faça ou não deseje aos outros.

Portanto, o melhor que se tem a fazer é não falar mal dos outros, pois, além de ser deselegante, faz muito mal!

13

OSTENTAÇÃO E EXIBICIONISMO NAS REDES SOCIAIS

As pessoas hoje ocupam muito do seu tempo "postando" fotos nas redes sociais. Percebe-se a necessidade de compartilhar com os amigos tudo o que fazem. Subentende-se que os "posts" dão a ilusão de que são mais felizes no mundo on-line que na vida real.

Basta acessar seu Instagram ou seu Facebook e deslizar o dedo pela tela do dispositivo. É quase certo esbarrar com um componente de seu grupo que está em suas maravilhosas férias, em um cenário lindo e prazeroso. Se descer um pouco mais, pode se deparar com outro, de corpo sarado, sensualizando de frente para o espelho da academia. Ou alguém posando ao lado da celebridade com quem cruzou no momento, outro mostrando o carro novo que comprou; mais abaixo uma senhora mostrando o penteado; desce um pouco mais, o casal fazendo juras de amor; e assim segue. Se você tiver curiosidade de visualizar tudo, vai se perder no tempo. Falando sério: atire a primeira pedra quem nunca compartilhou nada que exaltasse seu estilo de vida, sua aparência física ou mesmo sua opinião brilhante sobre qualquer assunto. O fato é que, a julgar pelas "postagens" nas redes sociais, as pessoas aparentam ser muito mais felizes e bem resolvidas no ambiente virtual do que no mundo real. Mas às vezes se trata de sua própria ilusão.

O exibicionismo nas redes sociais pode muitas vezes gerar grandes frustrações. Afinal, os padrões impostos pela sociedade de consumo criam um ideal inatingível de perfeição, que acaba minando a autoestima. Sabe-se que nada é real, pois usam-se filtros para tirar eventuais imperfeições das imagens "postadas". No que se percebe, as pessoas querem "likes" e a aprovação do outro como uma curtida, um amei, um comentário para satisfazê-las.

Mas qual o motivo de tanta ostentação on-line? E de onde vem essa satisfação de exibir no ambiente virtual? Para o psiquiatra e psicoterapeuta Alexandre Saadeh, as pessoas sempre tiveram essa inclinação de reafirmar seus status sociais, numa tentativa de delimitar o seu espaço.

É do ser humano querer mostrar quanto é bom. Em outros tempos, as pessoas convidavam os amigos, parentes e familiares para ver suas fotos de viagem, de casamento, de aniversário, enfim, das datas comemorativas em suas respectivas casas. Cada um organizava seu álbum de recordações. Hoje as redes sociais potencializam isso, porque é tudo feito em tempo real para centenas ou milhares de seguidores.

Além de frustração, a ostentação nas redes sociais também pode gerar sentimentos hostis em quem é bombardeado o tempo todo pela felicidade alheia. Estudos revelam que a replicação infinita desses padrões inatingíveis pode gerar depressão e graves transtornos alimentares, como bulimia e anorexia. Segundo os psiquiatras, as ostentações feitas nas redes sociais podem incentivar os sintomas da síndrome como o mau humor, ansiedade, estresse, tédio e isolamento.

A necessidade de aparecer todos têm uns mais, outros menos, por motivos ou princípios diversos. É normal que você queira contar as boas notícias, mostrar as vitórias, partilhar com quem admira e gosta tudo o que conquista, seja do ponto de vista material, seja do emocional ou espiritual. Porém, esse processo de exposição precisa ser feito sem deslumbramento, com maturidade para não prejudica-los uma vez que esse comportamento deixa de ser uma forma de comunicação e passa ser exibicionismo. Uma necessidade de supervalorização, seja por parte dos outros, seja por parte de si mesmo.

Percebe-se que essas coisas estão ligadas ao sentimento de inferioridade, a uma necessidade de chamar a atenção alheia. Para mostrar que se tem sucesso ou quaisquer outras coisas.

Vive-se na era do exibicionismo, em que a grande mídia vende a ilusão de que se pode ter tudo, porém não diz que isso tem um custo que é elevadíssimo, que é o endividamento financeiro e o aumento da ansiedade e da angústia.

Portanto, deve-se respeitar os que necessitam e gostam de ocupar seu maior tempo nas redes sociais, mas uma coisa é certa: os que possuem autoestima e são realizados pessoal e profissionalmente não sentem a mesma necessidade de mostrar tudo o que conquistaram, porque se sentem confiantes e seguros. E os momentos livres são dedicados à família e aos amigos. Assim, os registros dos encontros são passados para o grupo da família e dos amigos próximos e íntimos.

14

RELEMBRANDO A EDUCAÇÃO DE ONTEM E VIVENCIANDO A EDUCAÇÃO DE HOJE

Pensar na educação de ontem é voltar a tempos opostos da educação de hoje. Lembra-se a educação de ontem, em que professores eram autoridades, estavam acima de tudo e de todos. Aos alunos só era permitido fazer as atividades e demonstrar o que tinham aprendido nas aulas. As avaliações eram feitas todas as semanas após as aulas dadas ou no máximo a cada 15 dias. Os que não tinham aprendido refaziam tudo até aprender e sem reclamar.

Existia a decoreba, sim! Mas aprendiam. Quando precisam fazer uma conta, dispensam a calculadora, pois têm o domínio da tabuada; mesmo que tenha sido na decoreba, sabem para a vida toda. O mesmo com o português: dominaram a escrita, pois aprenderam a conjugar os verbos em todos os tempos e modos, a concordância nominal, a verbal, a crase etc., ao contrário de hoje, quando muitos alunos que frequentaram a escola, ou finalizaram o ensino médio, não conseguem fazer cálculos sem o apoio da calculadora. Não sabem escrever corretamente nem interpretar. Adoram comer letras e abreviar as palavras e cada vez têm menos hábito da leitura. A tecnologia informa, ajuda muito, mas às vezes faz com que não se pense mais, e sim se busque pronto. Nota-se comodismo e falta de raciocínio rápido.

O respeito aos professores era imposto, mas os alunos aprendiam e correspondiam com o que se desejava alcançar. Os professores só tinham o quadro-negro e os livros didáticos como ferramentas de trabalho. E ainda se tinha por obrigação vencer o livro didático, com conteúdo predeterminado pelo regime político vigente.

Os alunos usavam a vontade e a criatividade na realização das tarefas, pois cada um tinha um sonho, um objetivo a alcançar. Estudar muito e aprender para passar de ano com as melhores notas. Ninguém desviava o assunto ou desperdiçava tempo com brigas e discussões em sala de aula. Todos queriam se sobressair na classe.

Se analisar o antes e o agora, pode-se perceber que teve um avanço muito grande no que se refere ao acesso a materiais didáticos e a meios de comunicação. A tecnologia oferece o que se deseja buscar, pesquisar e informar, porém o que está faltando é orientação para que se faça o uso correto dos sites e das pesquisas. Os professores e os pais devem acompanhar os alunos a essa fase da era da informática para que saibam usá-la, apropriar-se do que realmente é bom! Todos sabem que o que realmente os atrai são os jogos e o bate-papo com amigos.

Quanto ao uso do celular na sala de aula, pode sim ser útil, mas os alunos ainda precisam de incentivo e monitoramento na hora das atividades propostas pelo professor, pois ainda tem os que gostam de contrariar e enganar no momento de acessar o site. Cabe aos pais e educadores acompanhá-los nas tarefas, mostrando o amplo conhecimento que se pode ter por intermédio dos meios de comunicação e redes sociais.

A violência nas escolas tomou força. De notícias e relatos de colegas, constata-se que são muitos os fatos ocorridos em sala de aula que prejudicam o professor.

Abalo do sistema emocional e moral, pelo simples fato de ter de suportar certas atitudes de alunos desrespeitosos. Mas nessa situação o professor precisa se manter calmo e pensar muito bem antes de falar ou agir com o aluno que está o ofendendo, porque o incômodo chega de graça a sua casa.

A família tornou-se ausente no ambiente escolar; dizem que foi culpa da mudança dos tempos. Mães que saem para trabalhar fora para ajudar no orçamento doméstico e muitas vezes são chefes de família.

Porém, tempos atrás, não era muito diferente, porque as mães não trabalhavam fora, mas não tinham uma auxiliar doméstica e os respectivos esposos não colaboravam com nada em casa. E ainda não havia as ferramentas que se tem hoje para lavar, passar e cozinhar.

Os pais precisam parar de dar desculpas e passar a acompanhar mais a vida escolar dos filhos. Orientar, educar em casa e exigir que sejam alunos presentes e participativos na escola.

Hoje a escola se tornou um ambiente não só para ensinar, mas também para educar. Acabou assumindo o lugar da família. A escola deve ter claro qual é seu papel, qual a sua função. A escola tem o dever de ensinar com saberes que formam bons cidadãos aptos a frequentar a sociedade.

A educação precisa ser repensada com urgência. Cada vez mais o índice de aprendizagem está diminuindo. Alunos desmotivados, professores mal remunerados e doentes pela situação indesejável por que passam na sala de aula. A escola deve levar o aluno a compreender a realidade de que faz parte. O aluno deve situar-se nela, interpretá-la e contribuir para essa transformação.

Portanto, é preciso de conscientização por parte dos governantes no sentido de valorizar os professores, pois a formação das pessoas se da pelo seu trabalho e dedicação.

15

TRISTEZA E INDIGNAÇÃO

Uma noite que seria para a professora de Inglês ser recebida na sala de aula pelos alunos com um "*Good evening, teacher!*" *or* "*Hello, teacher!*", ao entrar e sentar-se para fazer a chamada, ela sentiu que havia algo estranho sobre a cadeira. Ao se levantar percebeu que sua roupa estava toda grudada e melecada. Para sua surpresa, tinham colocado cola para que a professora ficasse impossibilitada de dar aula. Risadas e gozações, e tudo parecia ser normal, atrativo e prazeroso! Uma cena teatral com direito a filmagem e gravações. Dessa cena, esparramaram-se muitos vídeos para outras escolas e para outras cidades, com o intuito de ensinar aos outros o que estavam fazendo. Escutam-se muitos relatos de professores sobre fatos de desrespeito em sala de aula.

Outro fato aconteceu com a colega professora de Biologia que tomou água com xixi, pois, sem que ela percebesse, alunos pegaram a sua garrafa de água e foram até o banheiro e lá prepararam a maldade. Voltaram para a sala de aula e colocaram a garrafa no mesmo lugar que estava. Assim, a professora acabou tomando a água. Você imagina a pobre professora quando engoliu a água e percebeu que algo estava errado! Alguns colegas acabaram contando. Que fato triste e lamentável! Imagine você tomar urina de outras pessoas na água! Isso é para acabar com qualquer profissional, com a alegria e o estímulo de qualquer professor.

Onde está a educação? Onde está o princípio da educação? Cada dia, aumenta a decepção dos professores, principalmente vendo como são tratados, com tal falta de consideração e respeito.

Contudo, nenhuma disciplina da faculdade ensinou aos profissionais da educação o que fazer com o pai de aluno que defende o comportamento violento do filho. Com a mãe que os culpa pela ausência da filha na sala de aula e pelas faltas. Ninguém na faculdade falou que os professores seriam obrigados a aguentar gritos e assobios no ouvido e palavrões. Os professores clamam por mais respeito. Sim, choram enquanto profissionais da educação que têm amor pelo que fazem; clamam e choram por muitos alunos sem nenhum direcionamento moral vindo da família; choram por aqueles alunos queridos que têm de conviver com esses que não querem nada de bom que a escola tem a oferecer; lutam pela sociedade atual e a futura.

Atualmente é impossível aos professores manter sua saúde física, mental e emocional trabalhando em sala de aula da forma como se encontra o ensino público.

Quando se fala em desrespeito de "muitos alunos", que fique claro que isso não se refere a todos os alunos. Todos sentem pena daqueles alunos maravilhosos que já ensinaram e continuam ensinando, mas que são obrigados a conviver diariamente com esses outros que jogam fora seu presente e seu futuro, e atrapalham drasticamente os demais, que estão ali tão cheios de sonhos e metas pessoais e profissionais.

A rede pública vive mudando o enfoque pedagógico de acordo com a política vigente. Cobra-se cada vez mais do professor, e cada vez menos do aluno. Dia após dia, professores são alvos de agressões verbais e até mesmo físicas pelos alunos. Cada vez mais são submetidos a um nível de estresse insuportável para um ser humano. A educação está um caos, e é cada vez mais difícil encontrar professores nas salas de aula. Acordem, governadores e representantes da educação!

Os professores não querem mais passar por essas humilhações! Querem dignidade e respeito a sua profissão. Lembre-se de que sua leitura, sua escrita e todo o seu conhecimento são méritos não somente seus, mas do professor que o alfabetizou e dos demais professores que contribuíram para sua formação social e profissional.

16

O PRAZER DE ESTAR CONECTADO NAS REDES SOCIAIS

As redes sociais são prazerosas, concorda? Quantas vezes ao dia você se conecta com alguém? Por exemplo, no *WhatsApp* você manda uma mensagem para sua colega dizendo: "Oi colega! Eu nem te conto do maior babado que aconteceu ontem depois que você saiu". Pois bem, se você não quer contar a ela, por que mandar a mensagem? Apenas para despertar curiosidade? Mas, como sempre, já passa o filme pela cabeça; ela o responde com ar de curiosidade: "O que aconteceu colega?" E você diz: "Não posso contar!" A colega, muito curiosa, fala novamente: "Pode confiar em mim e conte tudo!" Assim, você lava a alma relatando tudo, o que daria para escrever até uma página de jornal. Mas você cansa de digitar e aí grava um áudio de três minutos. O mesmo que já havia digitado, repete tudo. E isso que não queria contar; imagina se quisesse.

Facebook é outra coisa de louco, todas as atividades realizadas no dia a dia são publicadas. Ao ir jantar com a família ou os amigos, você "posta" os pratos preparados, as bebidas; ou com o fulano, a fulana. Quando viaja, fica mais preocupado em "postar" fotos no Facebook ou no Instagram do que curtir o lugar, o momento real com as pessoas que estão ao seu lado. Se o Grêmio joga, alguém "posta": "Vai, Grêmio!" Quando fica doente, você "posta": "No consultório", "No hospital"; ou, em sua cama, "Doente em repouso". Morre alguém: "Luto". E as pessoas curtem! Nunca passou pela sua cabeça que elas estão "curtindo" a sua doença, a sua tristeza? O melhor é quando o esposo ou a esposa está de aniversário. Coloca-se um texto enorme! "Hoje a pessoa mais importante da minha vida está de aniversário..." Você não acordou com seu amor? Não se lembrou de desejar parabéns ou não deu tempo? Às vezes o homenageado nem avistou a mensagem nas redes sociais, mas os amigos sim, e lá escrevem muitos e muitos comentários. Nota-se que a realização é mais de quem "postou" do que do homenageado. Subentende-se que a realização é maior com as curtidas e os comentários do que com o momento compartilhado com o aniversariante.

Tem também o Twitter: é chique tê-lo à disposição e poder falar sobre o que quiser, desde lamentações, desabafos, até xingamentos. Legal é o Instagram! Porque lá se encontram "postagens" de bebidas e comidas naturais. Os pratos lindos coloridos e os sucos todos decorados. Às vezes está sem comer, pois o dia foi curto para todas as tarefas a realizar, mas arruma um tempinho para clicar e deslizar o dedo e se deparar com tudo isso. É para se aborrecer ou não é?

17

VÍCIO COMPULSIVO

Senta-se à mesa e desliza a tela.

Serve a comida no prato e digita.

Leva o garfo na boca e compartilha.

Mastiga e fica irritado com alguém que mal conhece.

Ande, mastigue o alimento! É de engolir! Você precisa se alimentar!

Espere um pouco, deixe-me ver esta postagem.

Olha a mensagem, sorri e coloca um "amei".

É no restaurante, na praça de alimentação do shopping, no balcão do bar, na confraternização de um amigo, na cozinha de casa: a cena repete-se.

Prato servido, comida fria, garfo sobre o prato.

Olhos vidrados na tela do smartphone.

O celular venceu a fome. E tem vencido o diálogo com amigos, uma boa leitura, uma caminhada, o jogar com amigos e tanta outra coisa boa que a vida nos oferece.

Os celulares e seus aplicativos, seus links, suas postagens, o exibicionismo têm vencido quase tudo.

A competição é grande, pois um quer mostrar mais que o outro.

Mas, apesar de tantas evidências, há pessoas que mal olham para frente quando andam pela rua, quase sendo atropeladas ao atravessar uma avenida, que batem o carro no trânsito, que carregam seu bebê no colo sem desgrudar dos aparelhos.

Mas é difícil alguém admitir que já não faça praticamente nada sem a companhia desse poderoso aparelho da atualidade.

Ninguém sai de casa sem pegar o celular e o carregador. É possível não se separar dele durante todo o dia.

Enviando mensagens, fazendo transmissões ao vivo, fotografando pessoas, animais, paisagens, lugares, registrando tudo.

Nunca falta conteúdo para registrar e mostrar a todos. É uma verdadeira satisfação e realização.

O celular entra e sai da bolsa. A preocupação com essa relíquia é maior que a própria vida, pois andam sem observar nada ao seu redor.

Olá! Você está aí? Você me viu? Oi, tudo bem? Avistou meu e-mail?

Alô! E lá está novamente o prato servido, a comida fria, a fome e a sede aguardando ser saciadas, enquanto os dedos deslizam, curtem, compartilham. Mais uma vez o celular venceu!

18

SOMENTE PROFESSORES E ALUNOS TÊM O DEVER COM A PÁTRIA?

Em momentos da vida, começo a recordar-me e lembrar-me. Logo me vem à mente a reflexão do tempo de criança. O início de setembro sempre foi cheio de atividades fora da rotina. Sessão cívica no pátio da escola, Hino Nacional, preparativos para o desfile de Sete de Setembro, dia em que se comemora a independência do Brasil. Hoje, como professora, percebo que a história continua. Fala-se muito em civismo e amor à pátria. Torcemos para que tenhamos um dia perfeito: que não chova e que tenha uma boa temperatura para os esperados desfiles, discursos das autoridades, bandas e apresentações das escolas.

Muitas vezes no relento do sol, outras vezes no castigo do frio, o vento sopra no rosto dos nossos patriotinhas. Os professores colocam casaco, tiram casaco, alcançam água, coordenam da melhor maneira para que sofram o menos possível, e tudo sai perfeito.

Eu fico a me perguntar: onde estão os patriotas de uma comunidade? Resumem-se a professores e alunos? Não me refiro a assistir ao desfile, mas a organizar o desfile de Sete de Setembro. Percebe-se que, se as escolas não vão em frente, não há desfile.

Sabe-se que, por trás de todas essas festividades, se esconde um Brasil que, infelizmente, não é tão justo. Um Brasil de desigualdade social, de injustiças, de desrespeito ao próximo. Neste momento a classe mais prejudicada é a da educação. Professores que não ganham salário justo e os alunos que sofrem com as condições precárias em que se encontram as escolas públicas. Mas, mesmo assim, professores e alunos continuam patriotas que cumprem com a responsabilidade de transmitir sentimentos e amor pela pátria amada Brasil.

Reconhecer isso não deixa de ser patriota. Muito pelo contrário. Patriota não é aquele que se lembra de ter orgulho da pátria na Copa do Mundo. Não é aquele que viaja o mundo inteiro sem se interessar pelas belezas de nosso Brasil. O patriota não é aquele que fala muitas línguas, mas aquele que sabe valorizar a beleza de nossa língua. Patriota é aquele que conhece a história que existe por trás da palavra "liberdade". Patriota é aquele que valoriza sua cidade, sua terra e ama o chão onde pisa. Patriota é aquele que valoriza cada conquista, cada solenidade, cada ato de amor e respeito a nossa pátria amada, pensando sempre na união, no conjunto de ideia e no bem-estar de todos. O verdadeiro patriota é aquele que ouve e canta o Hino Nacional, e, mesmo sem conhecê-lo perfeitamente, mantém-se em posição de sentido e respeito.

Portanto, é digno de ser chamado patriota todo e qualquer cidadão que exerce suas funções com responsabilidade, honestidade e zela pela sua cidadania. Sente-se no direito de receber os benefícios, mas, acima de tudo, no dever de servi-la e expressar seu sentimento e amor à pátria, mesmo já tendo concluído a fase escolar.

19

SER OU TER?

Vive-se numa sociedade injusta, com grande desigualdade cultural, familiar e financeira. A crise econômica contribuiu para grande número de pessoas desempregadas e sem uma renda fixa para o sustento da família. Contudo, ainda se percebe que a valorização se dá mais pela aparência do que realmente são.

Uma sociedade de aparências onde alguns parecem estar acima de tudo e de todos para chamar atenção. São chamados "donos do mundo" por serem gananciosos e individualistas. Quando ocupam um cargo melhor, acabam subindo mais do que devem. Abrem as portas, ou seja, dão oportunidades aos que pertencem ao seu grupo político, cultural e social. Acabam esquecendo os menos favorecidos.

É preciso entender que existe o bem e o mal, da diferença entre eles e do que é certo e errado. No entanto, isso não impede de gozar com o que parece ser diferente, e o pior é que esse fato está tão interiorizado que, por vezes, mesmo sem querer, se faz juízo sobre pessoas que nem sequer se conhece. Algumas pessoas se limitam a fazer um comentário verdadeiro, uma piada, mas outras pessoas fazem piadas de gozação mesmo.

O que leva alguém a achar que tem o direito de fazer outra pessoa sentir-se menos e abaixo dela? Por que é que inconscientemente se dá tanta importância à aparência? Muitos de vocês que leem este texto podem estar pensando que não ligam para isso. Será que não? Lembrem-se das vezes que comentaram, em casa, com o colega, com amigos, por vezes nem se deram conta do que estavam dizendo.

A sociedade dá tamanha importância à aparência que algumas pessoas, talvez, mais sensíveis cedem de tal maneira que põem em risco a sua saúde física e psicológica com o objetivo de se tornarem melhores na aparência e ficarem perfeitas. Padrão esse que a sociedade impõe. Quando é que vão perceber que a perfeição não existe ou, pelo menos, não é a única forma para todos?

E como fica a situação daqueles que sabem, mas fingem não acreditar? O que é perfeito para você pode ser defeito para o outro. O que é riqueza para uns pode ser pobreza para outros. Tudo depende do que tem mais valor em sua vida: “ser ou ter”.

20

SANTO DE CASA NÃO FAZ MILAGRE

"Santo de casa não faz milagre" é um ditado popular e bem conhecido de todos. E tem sua origem bíblica: "O profeta não tem honra na sua própria casa".

Todos sabem que nos dias de hoje continua sendo não apenas um ditado, mas uma realidade. Isso acontece com todos que fazem algo de diferente na sociedade. Mesmo que se apresente algo extraordinário, dependendo a posição que ocupa na sociedade a pessoa não é reconhecida. Porém, existem as exceções, os privilegiados considerados da "elite".

Percebe-se que é bem fácil e prazeroso ajudar os que vêm de outras cidades, do que atribuir uma palavra de estímulo e gratidão aos que fazem a diferença em sua cidade. Na música, na arte, na escrita, na dança, no esporte. Às vezes com tão pouco se deixa de ajudar alguém, pois é do ser humano a necessidade de estímulo e motivação para continuar realizando seu trabalho.

Nota-se que, enquanto você reside na sua cidade, não há reconhecimento algum, mas, quando você vai para outro lugar e se destaca, aí sim! O fulano é daqui, é da nossa cidade, foi meu amigo, foi meu colega. Aí sim você passa ser visto com outro olhar. Todos querem tê-lo como amigo e mostrar que os valorizam e reconhecem seu trabalho.

Contudo, não se pode generalizar, pois sempre tem pessoas amigas, familiares, colegas que admiram e valorizam o que você faz. Portanto, não desista nunca de seus sonhos! Não espere a aprovação dos outros para colocar em prática seu projeto. Faça por você, pelas pessoas que o amam e que você ama. É muito gratificante saber que, se por um lado existem os indiferentes, também existem aqueles que sentem o prazer de dizer que gostam e apreciam o que fazemos. Santo de casa faz milagre sim! Porém, seus milagres não são reconhecidos.

21

LUTAR OU DESISTIR?

Se você não acreditar em sua capacidade de realizar, sonhar, almejar o que deseja alcançar na vida, quem vai acreditar? Dizer que tem uma fase certa, um lugar certo, uma hora exata não é verdade.

O momento certo dá-se quando você está ciente daquilo que deseja alcançar, pois é parte integrante do processo.

Mas quando ocorre esse momento? Imagine um muro que divide sua casa. Você está de um lado do muro e seu objetivo está do outro lado. Você pensa, reflete, tem a convicção de que sua realização está lá. Você pula o muro, abraça o objetivo e não olha para trás. Então este é o momento certo, a certeza de que vencerá.

Porém, pode acontecer de você ficar em cima do muro e não ter coragem de pular. Não sabe se fica ou se pula. Nesse caso, não está certo do que realmente quer!

Sendo assim, você precisa amadurecer sua ideia. E, quando tiver a certeza do que realmente quer, você imagina o seu projeto dar certo e cria coragem suficiente para realizá-lo. Então, seja forte, persistente, positivo. Tenha em mente que, para a sua concretização, algumas coisas deverão estar bem definidas e claras, porque facilidades e dificuldades aparecerão, mas, se realmente acredita que pode fazer, as incertezas, os pensamentos negativos desaparecerão.

É preciso não se apavorar! Mesmo se o muro for muito alto, aproprie-se de coragem para conseguir pular, se realmente seu sonho está lá. Não deixe de sonhar, almejar, porque a falta de perspectivas, mesmo que seja em pensamento, não leva a lugar algum. Você tem de criar alternativas para concretizar o que almeja alcançar sempre! No momento atual, não se pode dar ao luxo de sair por aí sem saber aonde se quer chegar. O seu futuro é de responsabilidade sua, e não dos outros. Portanto, se não tiver empecilhos, pode começar, seguir, prosseguir até alcançar.

O desejar sem ação não passa de um sonho; a ação sem desejar, sonhar, almejar é só um entretimento.

22

QUEM JÁ NÃO JULGOU ALGUÉM OU JÁ FOI JULGADO?

Quem já não julgou alguém na vida, uma vez ou outra, fosse por pensamentos, fosse por palavras, atitudes e ações?

Não se pode julgar alguém somente pela beleza externa, como vestuário, joias, cabelo, maquiagem. Ainda há julgamentos quanto à altura, peso, sexo, cor e grau de escolaridade. Mas se sabe que a beleza não está somente na aparência física, externa, e sim nas atitudes, na educação, no caráter e na personalidade. Deve-se analisar o íntimo, o interior da pessoa.

Quando se fala em seres humanos, o assunto é muito complexo, pois às vezes as atitudes são reflexos de medo, dúvidas, insegurança, angústia, que resultam, muitas vezes, em atitudes erradas. São os pensamentos e ideias que se transformam em ações. Muito do que se sente não pode ser expresso em palavras. Cada um tem sua individualidade, uma maneira diferente de pensar e agir. E, com certeza, por trás de uma atitude existe uma lembrança, uma história, algo que motiva a pessoa a agir de tal forma.

No entanto, julgar alguém está distante de qualquer um. Para alcançar o poder de julgar o ser humano, é necessário o dom de ler pensamentos e, além disso, saber exatamente o que o outro sente. E por enquanto não foi criado um aparelho que meça o pensamento, o sentimento de pessoas. Mesmo com a tecnologia, os meios de comunicação que facilitam e abrem caminhos para descobertas e aprendizagens. Não há como saber o que realmente o outro está sentindo ou pensando no momento em que se dá a interação.

Portanto, julgar alguém não é possível ainda, a não ser julgar a si mesmo.

23

QUEM JÁ NÃO CONVIVEU COM UM AMIGO OU FAMILIAR FALSO?

Existem pessoas tão falsas que vivem na ilusão de uma imagem de sentimentos bons, de preocupação com todos. Percebe-se pelas atitudes a dupla personalidade. A pessoa humilde não tem nada a esconder e não distribui sorriso falso. Mostra apenas o que realmente é. Porém, pessoas falsas, de má índole, não conseguem fingir por muito tempo.

Alguns seres humanos perderam totalmente a essência da vida. Não sabem mais o que é amizade, amor, bondade e senso comum de ver as coisas como verdadeiramente são. Porém, tentam a todo o momento passar uma imagem perfeita. Sabe-se que ninguém é perfeito, pois todos estão sujeitos a errar, mas a pessoa que é humilde está sempre pronta a perdoar.

Não se sabe o que mais prevalece nessas pessoas, se é a deficiência de caráter ou uma autoestima tão baixa que precisam fingir ser outra pessoa para tentar ser aceitas. Uma frase escrita na Bíblia: “Até no paraíso tinha uma serpente”.

Estar cercado de pessoas e ao mesmo tempo estar só! O egoísmo, a inveja, a frustração e todos esses sentimentos ruins têm destruído o ser humano, e isso é triste. Cada vez mais vimos seres humanos sem alma e coração! Que Deus perdoe e tenha misericórdia da sua criação!

24

CHACINA NAS ESCOLAS

Cada vez que escuto ou leio uma notícia de violência em alguma escola, fico muito triste e deprimida! Tento encontrar uma resposta, mas não encontro.

A cada acontecimento, coloco-me no lugar daqueles pais e daqueles professores. O desespero, a angústia, a dor, não tem nada que justifique tamanha atrocidade.

Sabe-se de muitas chacinas ocorridas em escolas. De psicopatas que invadem um espaço que era para ser o lugar mais seguro e tranquilo para pais, alunos e professores. Porém, que acaba se tornando um ambiente-alvo de tiroteios e violência. Lá se encontram crianças, adolescentes e jovens que estão nesse lugar para aprender a ler, escrever, pensar e interagir uns com outros. Os delinquentes entram atirando com armas. Acabam tirando vidas, mas junto tiram sonhos, esperanças. Estrelas que no futuro poderiam brilhar muito! São famílias que perdem seus filhos, filhos que perdem os pais, alunos que perdem professores, professores que perdem seus alunos. E os dias passam a não ser mais os mesmos, porque a violência cria um muro que divide os colegas e professores com o medo, a insegurança, o sossego, a paz, a dor, e sofrem o resto da vista por perderem alguém que ficará somente como lembrança.

Mas é preciso superar e logo retomar as atividades, pois a vida segue, não é mesmo? E os sonhos dessas crianças, desses adolescentes, desses jovens e desses professores não podem morrer com os que partiram. Mesmo em meio a tanta dor e sofrimento, é preciso prosseguir, ter coragem, fé e muito amor no coração.

Se existe alguém que não se comove nem se entristece com esses acontecimentos ou vê isso com normalidade, parabéns, eu não. Aquietar-se ou calar-se diante de acontecimentos como esses é covardia.

Todos nós temos o dever de trabalhar com nossas crianças e nossos jovens nas famílias e nas escolas, com o intuito de diminuir a criminalidade nas escolas e na sociedade. O que mais me intriga e mexe muito comigo é saber que a criança que um dia se sentou em um banco de uma escola para aprender a escrever, ler, pensar e sonhar em um futuro bom, com uma vida digna na idade adulta, consegue cometer tamanha brutalidade com tantos seres e até consigo mesma. Será que sonhou um dia em interromper a vida, o sonho de tantos inocentes e até a sua própria vida? Ou é sina, como costumamos dizer?

Meus pensamentos surgem diante de cada acontecimento de dor e tristeza. E espalham-se como fogo nas folhas secas num dia de vendaval. Fico a imaginar: aquele menino ou aquela menina tão jovem, tão cheio de vida, de sonhos. Meu Deus do céu! Sonhos lindos, sonhos grandes que ninguém nunca saberá. Não consigo entender o porquê da política de combate à criminalidade. Parece não os intimidar com nada que se faça a eles. Se prendem, é por pouco tempo, pois, por um motivo ou outro, cumprem a pena reduzida.

Sendo assim, andam por aí respirando o mesmo ar, frequentando os mesmos lugares, dividindo o mesmo espaço e usufruindo dos mesmos direitos. E não se usa um selo na testa dizendo o perigo que podem causar às pessoas do bem. Muitas vezes acabam repetindo os erros: tirar vidas, interromper sonhos, tirar a felicidade, a paz, o sossego e a tranquilidade de muitos.

O que faltou na vida desses jovens para se tornarem assassinos frios e sem alma?

25

VOCÊ PENSA QUE TUDO ESTÁ PERDIDO?

Não importa se você perdeu, em que momento da vida você perdeu. Recomeçar é dar um passo à frente, é dar uma nova oportunidade a si mesmo. É reiniciar as esperanças na vida, e o mais importante: apostar, acreditar e dar uma nova chance a você.

Ficou desmotivada nesse tempo? Sofreu, chorou muito? Foi para aprender a aceitar o sentimento e a decisão do outro. Isolou-se muitas vezes? É porque fechou seu coração. Pensou que tudo estava perdido? Que o mundo tinha acabado? Era o início de um novo tempo, uma nova fase.

Então, é agora a hora de levantar a cabeça e reiniciar, de refletir, de ter alegrias e prazeres nas coisas boas da vida. Um novo visual, um novo curso, um trabalho e até um novo amor. Por que não? O desejo antigo de ir à academia, de ler um livro, de ir ao cinema, de fazer artesanato, de viajar com a família ou os amigos. Veja quantas opções, quantas coisas boas nesses seus dias. Deus fecha uma porta e abre tantas outras! Está se sentindo triste, só? Lembre-se: há tantos amigos dos quais você se afastou durante o tempo que esteve isolado. Muitas pessoas estão esperando apenas um gesto seu, um sorriso para poder se aproximar de você. Quando se tranca em casa na tristeza, na solidão, no vazio, nem você mesmo se suporta, fica muito chato! O mau humor corrói e pode causar dor no estômago, chega a dar náusea.

Hoje é um bom dia, um lindo dia! Comece novos desafios. Você sabe aonde quer chegar? Então sonhe! Sonhe muito! Queira tudo o que é de melhor e importante para sua vida. Pensamentos positivos trazem sempre o que se almeja alcançar. Se pensar pouco, pouca coisa terá. Mas, se pensar grande, tudo se concretizará em seus novos dias. E hoje ocupe seu tempo para fazer a limpeza mental. Jogue fora tudo que o prende ao passado, aos acontecimentos que o entristecem e o impedem de ser feliz. Fotos, cartões, roupas e outras coisas que achar que devem ser eliminadas e que estão aí somente para tirar seu espaço e seu tempo precioso. Jogue tudo fora, mas não esqueça que o principal é limpar seu coração! Abra seu coração para uma nova vida, um novo momento, para novos amigos, para um novo amor. Não esqueça: você é capaz de recomeçar e se apaixonar muitas vezes porque você é o "amor". O amor não tem tamanho. Avalia-se pela intensidade que se ama alguém.

26

GOSTAR DE VOCÊ OU NÃO GOSTAR. ISSO FAZ DIFERENÇA EM SUA VIDA?

Percebe-se a dificuldade que se tem de entender atitudes e reações das pessoas. Por que uns gostam de você e outros não, uns valorizam seu trabalho e outros fingem não conhecê-lo?

Qual será o motivo? Quando você tem um pensamento inovador, um projeto bom que com o tempo poderá beneficiá-lo de alguma forma, isso causa prejuízo em outros. Nota-se quanto incomoda, causa ciúmes, inveja, por outros não conseguirem realizá-lo da mesma forma. Desde que o mundo é mundo isso acontece, pois o que é bom para você e o(a) deixa realizada pode ser a tristeza e a insatisfação do outro. Existe até uma expressão: "O fulano (ou a fulana) não tem perfil para isso!" Entende-se que, quando se realiza algo bom e importante num grupo, na sociedade e muitas vezes até na família, sempre tem o incomodado, o insatisfeito, aquele que ignora seu trabalho.

Todos têm o direito de não gostar de alguém, não pensar as mesmas coisas, não compartilhar alegrias e tristezas. O que não se pode é invadir o espaço do outro com maldades. Muitas vezes, a maldade é tanta que o prejudica de forma a fazê-lo desistir. Já lhe aconteceu isso em algum momento de sua vida? Não deixe que isso venha a prejudicá-lo nunca! Seja forte o suficiente para superar e seguir. O direito de não gostar de sua pessoa é aceitável, porém não de prejudicá-lo em seus planos, seus sonhos, seus objetivos desejados.

No entanto, o que deve fazer é ignorar essas pessoas que desejam mal a você e não gastar suas energias boas tentando descobrir o motivo pelo qual o outro não vai com sua cara. É simplesmente um direito de cada um. Quem faz algo bom é porque tem competência, não precisa nem depende de aplausos, de elogios ou de uma carta de recomendação para provar nada. Você já é a prova de um resultado que deu certo.

Sabe aquele momento que você está inspirado(a) e com vontade de fazer tudo? Acontece com todos que sonham e almejam um futuro melhor. Nesse momento, precisa fazer o exercício racional de não deixar se levar pelos velhos hábitos, pela maneira de fazer as coisas. Não dependa da opinião do outro e de um lugar certo. Precisa fazer por você mesmo, pelos que o apoiam, valorizam e amam de verdade. Sim, amam! Porque quem ama deseja sempre o bem.

Portanto, sempre que for ignorado por alguém, não valorizado, não fique triste, deixe que o silêncio acalme seu coração, porque a opinião de outro não vai fazer de você um ser humano com menos capacidade, fraco, menos inteligente ou derrotado. Atitude maldosa desmerece quem deseja o mal e fortalece aquele que tem força, atitude, perseverança, capacidade e, acima de tudo, a vontade e o desejo de fazer o bem a todos.

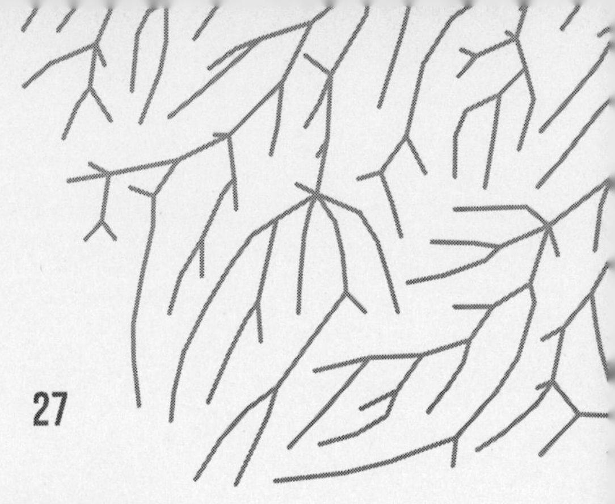

27

OSTENTAÇÃO

Ostentação. Sabe-se o que isso representa, pois está explícito na sociedade de hoje. O dinheiro é bom para sobreviver, mas também é ostentado por muitas pessoas. É do ser humano valorizar o dinheiro. E, na verdade, ele é estímulo e recompensa de todo o trabalho e esforço. O dinheiro é, sem dúvida, muito importante. Porém, ele em excesso "transforma muitos corações e mancha muito as almas".

Esse é um assunto difícil de falar, mas percebe-se isso no comportamento de alguns em relação ao poder. Exemplo: as pessoas que são ricas e não dão valor a ninguém. Vivem seu mundo usufruindo de todas as coisas boas, não se importam com a dificuldade ou necessidade do outro. Muitos se apropriam da "sorte" para poder se dar bem na vida. Sim. "Sorte", porque são seres que não estudaram, não se formaram nem têm uma profissão, mas que, por pensarem em se dar bem, casam-se com alguém de posse, de fortunas, muitas vezes mesmo sem gostar da pessoa. E quando perguntam "o que você faz?" "Eu sou esposa do fulano", "Eu sou esposo da fulana", como se isso enaltecesse seu espírito e seu ego? O nome passa a ser em conjunto não somente na conta bancária, mas nas redes sociais também. Um passa a viver a vida do outro, sem ter a liberdade de expressão, sem opinião. Sim, porque, quando "postam" alguma coisa nas redes sociais, nunca se sabe se é ele ou ela que "postou", porque usam o mesmo nome. Isso tudo para ostentar o que o(a) companheiro(a) tem de mais vantajoso.

Muitos devem pensar: "Meu Deus, mas não é o dinheiro a recompensa de muitas pessoas que trabalham e lutam no dia a dia?", "Será que devo trabalhar tanto?" Mas aí tente se colocar no lugar de quem não faz nada e passa o dia na boa ostentando. "Postando" lugares, restaurantes, lojas, carros e o resultado do dia todo nas redes sociais. Logo perceberá que não conseguiria viver assim, pois seria infeliz nas suas escolhas, porque quem preza o saber fazer não se realiza pessoalmente sem ter seu trabalho, sua independência. O ter é importante, mas com seu suor e para viver com dignidade, usufruir os mesmos direitos na sociedade.

Sendo assim, jamais abra mão dos seus sonhos, dos seus objetivos, das suas conquistas e da sua independência profissional e pessoal. Porém, respeite-os, pois cada pessoa é livre para fazer suas escolhas.

28

LIBERDADE

Fala-se muito em liberdade. Mas você sabe o que é liberdade? Liberdade é muito mais forte e importante do que estar fora de grades de aço ou muros de concreto.

Quando se pensa em liberdade, logo vem à mente o direito de ir e vir. Mas é também a maneira de pensar, falar, agir e se posicionar sobre alguma coisa sem medo de ser reprimido(a) ou julgado(a). E assumir as consequências, é claro, sejam quais forem. Mas quem pensa que é fácil ser livre? Não é, não!

Não é fácil compreender aquele que se diz livre, humano, compreensivo, mas defende assassinos que roubam a liberdade de outros. Sim, roubam, porque matam. E a vítima perde a liberdade de viver, de realizar o que planejou para seus dias.

A liberdade de expressão não é apenas para os jornalistas, escritores, mas para todo e qualquer cidadão livre. Porém, são os cronistas, os cartunistas que estimulam e instigam à reflexão, que nos fazem exercitar a liberdade de pensar e de discordar seja lá de quem for. Para que você tenha o direito de se posicionar, falar, dar sua opinião sobre política ou quaisquer outros assuntos, sem ter de vir um radical e descarregar uma bomba em você.

Você concorda em ser livre? Prefere a democracia? Então seja honesto consigo mesmo. Não dá para dizer que defende a liberdade, mas que entende os motivos pelos quais os bandidos, os assassinos cometem crimes. Ou você defende uma coisa ou outra. Ser livre é andar nas ruas, nas praças, em todos os lugares sem temer estar à mercê de um criminoso que possa assaltá-lo, feri-lo ou até mesmo tirar sua vida.

29

QUAL É O VERDADEIRO SENTIDO DA PALAVRA "RIQUEZA"?

Todos sabem que é sinônimo de abundância, luxo, ostentação. Mas penso que passa distante disso. No convívio diário com minha família e meus amigos, tenho exemplos claros de que a riqueza de fato está contida em outra forma.

Sinto-me rica ao acordar pela manhã e sentir meu coração bater, o meu corpo em movimento, dona de um olhar puro e sincero. Vejo ao meu lado os maiores bens. Minha família. Meu esposo e meus filhos. Desfrutamos de momentos valiosos juntos: um bom chimarrão, um diálogo e um café da manhã. Depois, cada um segue para sua rica jornada de estudo ou de trabalho. Nossa cidade é pacata, calma, não tem semáforo nem congestionamento.

Quer saber se me sinto feliz? Quer saber se possuo muitas riquezas? Sim, considero-me muito rica! Dona de uma felicidade invejável! Tenho família, trabalho, colegas e muitos amigos. Quando os recebo em nossa casa, tratamos bem a todos. Sempre com um sorriso no rosto e muito amor para dar e receber. Como diz o ditado: "Quem dá recebe". Percebo que é bem assim mesmo; da maneira como os recebemos somos recebidos. Da mesma forma como os tratamos somos tratados. O momento que desfrutamos junto de nossos amigos é de uma riqueza sem igual. Nossos amigos são os seres mais ricos que conheço. São donos de um enorme coração, de um sorriso contagiante e de uma bondade infinita. Meu desejo é que nunca percam essa fortuna do bem. Que cada vez mais aumentem suas ambições do amor e da felicidade.

Muitas vezes me entristeço ao me lembrar de minha história de superação. Pobre de recursos, mas rica de otimismo, desejo e sonhos. Rica por herdar tantos valores bons.

No momento que vivo, tento extrair da minha família e dos meus amigos que amo todas as qualidades que preciso para ter uma vida verdadeiramente rica. Mas rica de sentimentos e preceitos de vida. Almejo que essa fonte de vida seja inesgotável.

30

FALTA DE EDUCAÇÃO

Se há uma coisa que é deselegante, desconfortável e triste de presenciar é a falta de educação. E muitas vezes vem acompanhada de burrice. Tem gente que é topetuda e grosseira de berço. Esse é o mal-educado nato. Já nasceu assim, e a vida não conseguiu transformá-lo num ser melhor.

O mal-educado descarrega sua raiva por todos os lugares por onde passa. Joga pedras sem se preocupar em quem acertará. Certamente o alvo será o primeiro que passar a sua frente. Quando precisa de ajuda, não pede com gentileza; manda, exige. Quando ouve um "não", uma resposta que é indesejável, grita e ofende. O mal-educado roga praga em pensamento. Percebem-se os maldosos quando colocam comentários ofensivos nas redes sociais. Sempre bem elaborados, pensados para que os amigos e também os inimigos possam ler e compreender sua burrice de se expor ao ridículo. E ainda pensam que estão abafando, superando sua demagogia.

Quando se fala do tamanho da burrice de alguém, não se refere ao grau de escolaridade, de estudo, mas sim à delicadeza de tratar tal assunto. Uma pessoa pode ter apenas o ensino fundamental e ser culta. Sabe-se de pessoas que não tiveram oportunidade de concluir seus estudos por um motivo ou outro, porém leem muito, conhecem muito, são seres inteligentes na forma de se expressar e agir. São pessoas de boas ações e atitudes. Ao contrário de outros que tiveram a oportunidade de fazer um curso superior e muitas vezes demonstram ser mal-educados. Mas, neste caso, além de burros, são ignorantes. Seus conhecimentos são limitados.

Falta de educação sempre vem acompanhada da burrice, ambas inatas ao espírito ou incutidas desde a tenra infância. Pode ser que tenha vindo de berço. Veem-se pessoas economicamente humildes, porém primorosamente esculpidas no conhecimento e no saber. Sabem tratar a todos com respeito, dignidade e amor. E também sabem se colocar no lugar do outro, enquanto pessoas nascidas em berço de ouro são arrogantes, petulantes, maldosas, grosseiras e mal-humoradas. Não existe faculdade, formação alguma que modifique o íntimo e a personalidade destes indivíduos com tais comportamentos.

O conhecimento adquire-se com a convivência, com a vida, mas inicia-se na infância. Cada ser humano tem uma personalidade. A personalidade de quem é mal-educado é mais difícil de moldar e esculpir. Não foi inventada ainda uma ferramenta que possa transformar seu íntimo. A não ser você mesmo.

31

QUANTO MEDE O AMOR?

Quanto mede um sentimento?

O tamanho do amor não é medido com uma fita métrica, e sim com o grau de envolvimento e comprometimento um pelo outro.

O amor passa a ser enorme quando você se envolve com carinho e respeito, quando olha nos olhos e fala o que sente.

O amor torna-se pequeno quando você é individualista, quando não é gentil, quando se diminui e enfraquece justamente no momento em que teria de ser forte para mostrar a importância de uma relação saudável entre duas pessoas. Isso inclui a cumplicidade, a troca e o comprometimento que se deve ter um com o outro.

O amor passa a ser enorme quando você sente a outra pessoa se interessar pela sua vida, quando busca alternativas para o seu crescimento, quando tenta amenizar sua tristeza e quando sonha junto.

O amor é pequeno, diante de mentiras, infidelidade, insensibilidade, desonestidade. O amor é grande e intenso quando perdoa, compreende e sabe se colocar no lugar do outro, quando age com responsabilidade e confiança em si mesmo.

O amor pode ser grande ou pequeno, aumentar ou diminuir dentro de um relacionamento num espaço de pouco tempo. Nesse caso, o comportamento mudou ou será que o amor é traiçoeiro nas suas medidas?

Uma dor causada pela decepção pode diminuir o tamanho de um amor que aparenta ser intenso. Uma ação pode aumentar o tamanho de um amor que parece estar diminuído.

É difícil saber a medida certa. As pessoas movem-se, espicham-se, encolhem-se e abaixam-se aos nossos olhos.

Nosso julgamento não é feito por metros, centímetros, e sim de ações e reações, de expectativas e frustrações.

O amor de uma pessoa é único ao ver o outro como ele é, ao aceitar as diferenças. Não há altura, nem peso, nem tamanho que torne o amor grande. É o seu jeito de amar e sua sensibilidade sem tamanho.

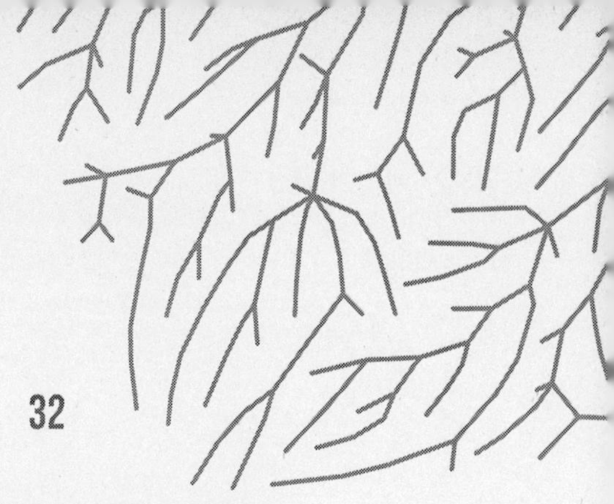

32

MÃE, LUZ DA MINHA VIDA!

Mãe, você é e sempre será a luz da minha vida. A pessoa que amo e amarei eternamente. Sempre esteve presente na minha vida. Mesmo quando longe de corpo, estava ativa em pensamento. Sempre me deu amor, carinho, conselhos e nunca me abandonou; fez de tudo por minha felicidade.

Quando eu estava triste, percebia em meu olhar e não se conformava até saber o que estava se passando comigo. Suas palavras sempre foram as mais verdadeiras; suas orações, as poderosas; seu sorriso, o mais encantador. Seus olhos eram azuis como o céu.

Desde criança temia perder você, não me via sem você perto de mim. Em minha opinião, mãe deveria ser eterna. Sempre foi meu tesouro valioso, meu porto seguro!

Minha estrela guia...

Você me ensinou a ser uma boa moça, uma boa esposa e uma boa mãe. Os ensinamentos seguem aos meus filhos. Sei que estamos apenas de passagem e o tempo aqui na Terra pertence a Deus. E assim aconteceu: o pai celestial levou-a para junto d'Ele. Os dias já não são mais os mesmos vividos com você.

Minha mãe, mesmo em um leito de hospital, continuava a dar exemplos de valorização à vida. Em um dos dias que passei com você, olhava para seu corpo cheio de aparelhos, hematomas e pensava: como poderia amenizar a dor e o sofrimento da minha mãezinha? Aí foi quando me lembrei de passar em seu corpo o óleo que o médico havia receitado. Comecei a massagem e, conforme deslizava a mão, ouvi uma frase: "Que vida boa!" Aproximei-me e perguntei a ela: "O que é boa, mãe?" E com brilho no olhar respondeu: "A vida é boa, minha filha!" Confesso que para mim foi uma lição, um recado, um chamado à reflexão. Muitas vezes reclamei da vida, mesmo sem ter motivo algum. Mesmo sabendo e sentindo que ali naquela cama não estava nada bem, viver continuava sendo prioridade.

Querida mãezinha! Sei que está em um lugar abençoado junto de Deus. A mim resta agradecer a vida que me deu, as lembranças e as recordações de tudo o que vivemos juntas. Os ensinamentos que passou sobre ter empatia, ser solidária, perdoar, amar, respeitar e cuidar dos animais e da natureza.

De tantas coisas que aprendi, a mais importante foi: "Que tudo vale a pena quando se tem alguém para amar incondicionalmente e valorizar a vida". Isso é nosso maior presente.

33

MEUS DIAS

Todos os dias acordo e olho pela janela para ver o dia. Vejo que às vezes tem sol, às vezes chuva, às vezes faz frio, outras vezes calor.

Penso no meu trabalho. Imagino como vai ser meu dia. Meu dia nunca é igual. Em um dia encontro rosa, no outro encontro espinhos. No entanto, preciso administrar meu dia! Tomar conta de tudo — em forma de sonho. Manter-me calma e seguir.

A vontade de fazer tudo funcionar me dá muito trabalho, já que o esperado demora a acontecer.

Tomo conta de tudo com persistência e com amor na vontade de ver o outro dia. Ao chegar à escola onde sou professora, observo meu aluno com o fone de ouvido, em um canto, sem perspectiva alguma. A aluna irritada, desmotivada, não quer fazer as atividades. Vejo o aluno que senta bem na frente abrindo a boca de sono, provavelmente devido à noite mal dormida. Eu fico a imaginar onde moram os sonhos e como será o próximo dia. Na sala dos professores, no intervalo, escuto as queixas de salário baixo e atrasado, desvalorização e desrespeito. Parece que o sol não vai brilhar nesse dia.

Se tomar conta do meu dia dá trabalho? Sim. Em um desses dias, conversando com uma mulher em uma praça, escuto-a dizer que toma conta de 30 idosos na instituição onde trabalha. Na rua, encontrei um senhor recolhendo o lixo com carrinho de mão. No mercado encontrei muitos de meus alunos trabalhando.

Hão de me perguntar por que cuido de tudo. É que nasci assim, observadora. Sou responsável por tudo o que faço, incluindo ensinar o que aprendi e aprender o que não sei. Preciso ter esperanças e acreditar na futura geração, apostar que tudo pode mudar. Então, preciso dizer que, apesar de o sol nascer para todos, nem sempre ele vem acompanhado de seu brilho. Neste mundo de incertezas, o amor é nossa maior riqueza. Assim é a vida: uns brilham, e outros apagam; uns tem a chance de ver o dia amanhecer, e para outros o dia acaba ao entardecer.

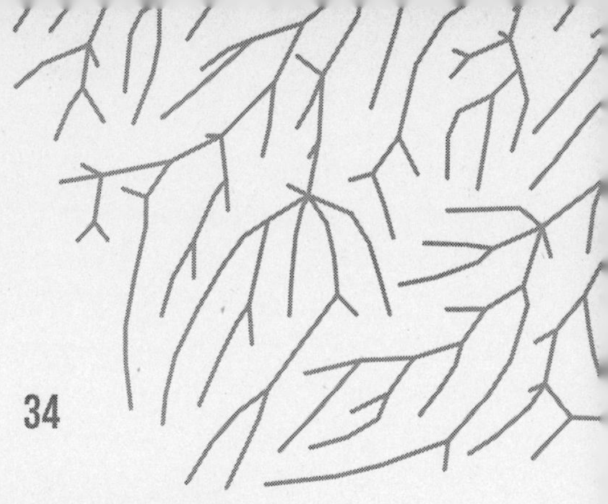

34

É TEMPO DE REFLETIR

Aprenda a amar mais, perdoar mais, sorrir mais, abraçar mais, compartilhar mais...

A vida não pode ser só trabalho e ambição. Você não pode viver de aparências e ilusões. Seu relacionamento com os filhos, esposo e toda a família deve ser mais importante que o encantamento e apego com as redes sociais. Preocupe-se em dar atenção aos que estão próximos de você. Um bom diálogo, um jantar, uma brincadeira, um bom filme, uma boa música reforçam o laço familiar. Os dias estão passando muito rápido, os celulares estão consumindo os preciosos minutos de conversas, de carinho e de descontração.

Esses anos, morreram várias pessoas famosas sem estarem doentes. A morte pegou-as de surpresa. Muitas ainda estavam entusiasmadas com seus trabalhos, estavam tão cheias de sonhos e projetos, mas, mesmo assim, partiram. Famílias viajaram, porém não retornaram à casa, pois tiveram a vida interrompida. Jovens foram de carro para a diversão e não voltaram para junto da família. Crianças tiveram a vida interrompida antes mesmo de nascerem. Muitos doentes passaram o ano num hospital na fila de transplante. Muitas mulheres foram vítimas de agressão doméstica. Muitas crianças violentadas e outras mortas, pelos pedófilos, outros morreram pelas tragédias ambientais.

E ainda o mais trágico: a pandemia que chegou de surpresa e tirou tantas vidas no mundo todo. A guerra entre Rússia e Ucrânia que está causando medo, angústia e muita tristeza, tristeza de ver as pessoas partindo para outros países sem nada levar, defendendo sua vida e a de seus filhos. Ainda ao ver os que lá ficaram e morreram sem poderem se despedir de parentes e amigos.

Enfim, são tantos que perderam a vida antes mesmo de realizarem o que almejaram. Pense e reflita se o que está fazendo é prioridade para sua vida. Perdoe e peça perdão, amoleça seu coração, respire fundo e viva a sensação de leveza. Não fique triste com quem não o admira ou não deseja seu bem. Eles não merecem desfrutar do seu tempo precioso. A vida é muito curta para viver triste. Almeje o suficiente para viver bem com sua família e os amigos que lhe querem bem, porque leva-se da vida o que de bom se vive.

No momento atual, precisa-se de amor. Nos lugares por onde passar, dê a mão e una-se com a corrente do bem. É preciso repensar seus dias, transmitir boas energias, pensar positivo, alimentar os que têm sede e fome de justiça, paz, amor e carinho.

35

O PECADO DA LÍNGUA

A língua é um membro pequeno, porém tem um grande poder de acabar com a reputação de uma pessoa ou elevar a reputação de outra. Tudo depende de como você usa as palavras.

Frase bíblica diz: "Quem vigia sua boca, guarda sua vida, quem muito abre os lábios, se perde". "Quem vigia sua boca e sua língua preserva sua vida da angústia". Quem em algum momento de sua vida já não falou uma palavra considerada mal colocada e que resultou em perdas e derrotas?

É preciso ter sabedoria ao abrir a boca: isso não significa que você tenha de ficar calado, mudo ou não expressar seus sentimentos por palavras. Muito pelo contrário, deve expor suas ideias, seus limites. A conversa, o diálogo, nada mais é do que a troca de experiências, algumas boas e outras ruins.

Dentre todos os pecados da língua, destacam-se a fofoca, a maledicência e as críticas desmotivadoras, maldosas, que costumam manter-se presentes na boca dos seres humanos. E que atire a primeira pedra quem nunca falou coisas que prejudicassem alguém. Mesmo nas melhores intenções, às vezes, sai algo indesejável da boca.

Sempre se encontra aquela pessoa que não tem freio na língua. Fala, fala muito e fala o que não deveria falar. E ainda pede para o ouvinte: "Vou te contar, mas não conta para ninguém"! E assim segue uma conta para outro, porém pedindo-se que não se fale para ninguém. Quando se dão conta, a comunidade toda sabe.

Uma coisa é certa: deve-se sempre pensar bem antes de falar algo, porque, com a maledicência, correm-se sérios riscos de machucar e até destruir outras pessoas, além do fato de estar pecando perante a lei de Deus.

O melhor que se tem a fazer é refletir se gostaria de ouvir de alguém o que se vai falar para o outro. Colocar-se no lugar do outro e medir as palavras antes de usá-las. O dia em que o ser humano começar a usar as palavras para distribuir amor, paz e bênçãos, com certeza, teremos um mundo melhor! E as pessoas ao nosso redor parecerão mais dóceis, mais amorosas e mais agradáveis.

Quando Deus criou o ser humano, certamente colocou a língua como parte do corpo na boca para auxiliar na fala, mas para louvá-lo e glorificá-lo, e não para julgá-lo e crucificá-lo. Jesus disse: "Quando ao outro tu fizeres, é a mim que estais fazendo"! Pense nisso!

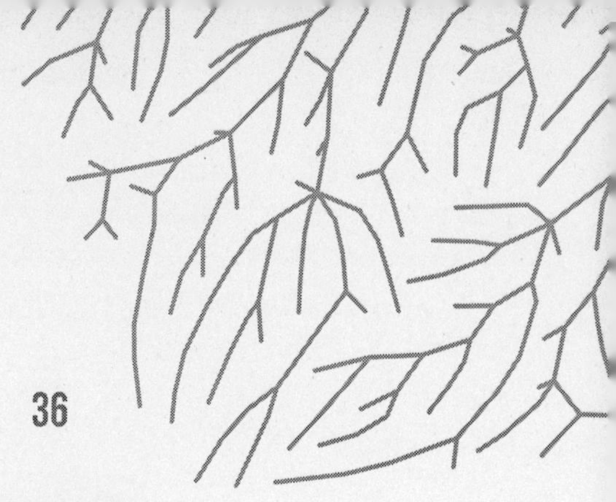

36

GRATIDÃO

Você é grato pelo que tem?

Todos já passaram por algum tipo de necessidade uma vez ou outra na vida. Enquanto para alguns falta saúde, para outros falta dinheiro ou até mesmo um pouco de felicidade.

Agradecer tudo o que a vida nos dá deveria ser regra. Lembrar que algo natural como chegar do trabalho e encontrar a família pode ser muito desejado por alguém. O alimento em sua mesa, ausente em tantas outras, já é um motivo para agradecer.

Agradeça sempre tudo o que aconteceu em sua vida, pois, até que se prove o contrário, ninguém sabe como será realmente o dia de amanhã. Se tudo o que você tem no momento é de valor, não acha que deveria mesmo ser grato?

Seja grato pelas pequenas coisas que recebe na vida. Você será mais feliz, se olhar para o que está à sua volta com amor e gratidão. O mundo está carregado de pessoas que não dão valor a nada, mentes negativas e pessimistas. É preciso combater isso espalhando altruísmo e reciprocidade.

Não é preciso muito. Um sorriso de alguém, um cumprimento de outro, ou um gesto de generosidade já é o suficiente para você expressar gratidão.

Agradeça a família, a saúde, o trabalho, os amigos, os colegas. Agradeça a lua, as estrelas, o sol, a chuva, o dia, a noite, o amor, mas, acima de tudo, a vida. Assim a felicidade andará sempre ao seu lado. E alcançará o que deseja e almeja sem muitas vezes precisar pedir.

37

TODAS AS PESSOAS TÊM AMOR NO CORAÇÃO? OU EXISTEM AQUELES QUE TÊM ÓDIO?

A falta de amor, de solidariedade ao próximo, a intolerância, os assassinatos, os crimes, até mesmo no próprio ambiente familiar, estão ganhando força nos últimos tempos.

Ao ver o mundo, sofrendo da forma como está — com guerras, terrorismo, medo, pandemia, drogas, acidentes —, e é fácil desanimar e perder as esperanças. Porém, agora mais do que nunca, é preciso manter as esperanças vivas e pedir em forma de oração para que essas pessoas cruéis, sem alma, comecem a aprender a amar. Conhecer o que é amor, pois muitos ainda não conhecem. Percebe-se isto quando tiram vidas, quando acabam com a tranquilidade, a paz, o sorriso e a alegria de muitas famílias.

Costuma-se muitas vezes citar a frase: "O fulano tem o coração de pedra". Entende-se que realmente seja de pedra e que é muito difícil transformá-lo. Vê-se a própria filha matar ou mandar matar os pais, pais matarem filhos, amigo matar amigo, esposo matar esposa ou esposa matar esposo, aluno matar professor. Pessoas alteradas no trânsito e que, por qualquer bobagem, se tornam assassinas frias, pois tiram vidas sem piedade e sem remorso;

motoristas alcoolizados, sem terem noção do perigo que estão causando à sociedade. É assim que acontecem as tragédias nas estradas. Morrem muitos seres humanos e junto morrem os sonhos, os objetivos que almejaram. Vidas interrompidas, famílias desestruturadas. Acompanha-se pelos noticiários a falta de tolerância, de paciência e de compreensão no trânsito. Qualquer atitude diferente é motivo de violência. Nesse caso é amor ou ódio? Quem ama cuida, tolera, ajuda, espera... É difícil se colocar no lugar das famílias das vítimas. Costuma-se sempre em momentos tristes dizer: "Meus sentimentos"! Porém, não existem palavras certas que aliviem a dor, a angústia e o sofrimento pelo qual os familiares estão passando. Somente quem já passou ou está passando por momentos de perda sabe explicar o pesadelo que passam a ser seus dias. Os dias nunca mais serão os mesmos vividos antes da perda! Ainda mais doloroso é quando a morte não é causada por doença, e sim por violência.

Há pessoas estudadas que acham certo oprimir as outras devido a cor, religião, gênero ou opção sexual. Vê-se que o que falta não é conhecimento; é solidariedade e bom senso. De nada adianta estudar em ótimas escolas, se falta o mínimo de empatia humana.

É necessário parar de educar as crianças como robôs e começar a educá-las como pessoas que devem respeitar a todos os outros.

Tão ruim quanto praticar maledicências é ver o mal sendo praticado e nada fazer. Não se necessita de seres humanos que se dizem bons e que pregam o bem, mas que nada fazem para mudar os dias.

Portanto, o que se quer são seres com atitudes e vontade de mudar para o melhor. É importante que os pais eduquem seus filhos para o caminho do bem, dando-lhes suporte de uma vida digna em família; que os professores trabalhem os valores necessários para formar cidadãos aptos a enfrentar a sociedade — o que nos dias de hoje não é nada fácil! —; que os políticos tenham a preocupação em fazer um país melhor dando condições a toda população de ter alimento, saúde e uma boa educação; e ainda uma justiça verdadeira e honesta. Não se pode mais deixar impune quem comete tantas crueldades com aqueles que fazem o bem para comunidade. Sendo assim, há uma única preocupação: transformar este mundo em um lugar, ao menos, um pouco melhor.

É preciso colocar em prática o que muitas vezes não sai do papel. Exemplo: quando se fala "Amar ao próximo como a ti mesmo", vê-se que esse ditado virou tarefa difícil, não porque ninguém mereça ser amado, e sim porque são poucos os que ainda se amam e sabem amar o outro verdadeiramente. A prova disso é o que se vê hoje, com o ódio, com a falta de tolerância, com a falta de amor, com preconceitos, com discriminação; e, acima de tudo, tendo-se de conviver com a hipocrisia.

38

VIVER HOJE COMO SE NÃO HOUVESSE AMANHÃ

Existe um ditado: "Viver hoje como se não houvesse amanhã". Você já viveu um dia como se fosse o último dia de sua vida?

Sim, você pode viver com intensidade e fazer tudo o que deseja em apenas um dia. Mas cuidado para não comprometer os dias seguintes. Poderá não ser o último dia e você continuar vivendo. Sabe-se que as coisas boas passam despercebidas pelas pessoas, porém as coisas ruins espalham-se como o vento e ficam difíceis de controlar.

O melhor a fazer é curtir o momento, curtir o dia sim, mas com inteligência. Faça tudo o que tem vontade, porém não esqueça que amanhã poderá responder pelas atitudes de ontem. Às vezes uma decisão mal pensada poderá comprometer seu futuro. A maneira correta seria pensar, analisar antes de realizar qualquer coisa na vida.

Nada é mais importante que fazer o que deseja conscientemente. Sua consciência é a chave da porta de entrada para os próximos dias de sua vida. E ninguém terá o poder de roubar de você a tranquilidade, a paz e a esperança de prosseguir com êxito.

Se for para viver intensamente, que seja em busca de algo novo. Novos desafios, novas conquistas e, acima de tudo, livre! Livre para viver um dia após o outro, livre para amar, sonhar e realizar o que deseja. O que não se pode é viver preso ao passado de apenas um dia vivido.

Portanto, o que faz sentido mesmo é o positivismo. Lembrar o passado com nostalgia, viver o presente com entusiasmo e ir ao encontro do futuro com esperança e fé.

39

SERÁ PRECISO REBUSCAR A HONESTIDADE

Honestidade perdida, esquecida, raridade deste país de falsos nobres, onde a política é a escola e exemplo de uma vida rica, fácil de ganhar dinheiro.

Percebe-se que oprimem a honestidade e engrandecem a mentira, a safadeza, a esperteza. Sim, porque o que qualifica a classe social é a esperteza!

A safadeza é o diploma de muitos que preferem viver bem com o dinheiro que seria para beneficiar o povo, com saúde, educação, alimento e moradia. E ainda incentivam aos jovens que roubar é o caminho para vencer na vida. E ser honesto é sinal de fracasso, de pobreza e de quem não alcançará seus objetivos.

A punição sempre é maior para os menores. Os que não têm condições para a sua defesa. Porém, os que ganham com facilidade se defendem com mais rapidez, pois, como diz o ditado: "Tem café no bule".

Por que essa vontade de possuir tanto dinheiro? Por que essa obsessão pelo poder? Por que não dividir com os menos favorecidos? O que vem da natureza pertence a todos, e não somente aos possessivos, aos gananciosos e aos espertos que se alimentam da malandragem, da safadeza para se beneficiar.

Precisa-se, ainda que tarde, tomar as devidas providências, criar uma lei e implantá-la no país para que ninguém mais consiga roubar o dinheiro público. Será preciso rebuscar a honestidade e oportunizar a todos trabalhar honestamente e o salário digno a ganhar. Poder sustentar a família sem precisar roubar; seja proletariado, seja burguês, da igualdade poder gozar.

40

POR QUE NA CONCEPÇÃO DE ALGUNS O APOSENTADO DEIXA DE SER ÚTIL?

O aposentado deixa de ser útil, na opinião de muitos, porque não está mais disponível a ajudá-los ou substituí-los quando necessário.

Na maioria das vezes, você é bom quando ajuda, serve, presta favores, quebra galho numa urgência, faz um extra fora do horário.

Percebe-se que, no momento em que cumpre sua missão e se afasta, a pessoa aparenta não ser capaz e deixa de ser útil. É como se tivesse perdido tudo o que aprendeu e fez até o devido momento. Entende-se que você é valorizado somente pelo que faz, e não pelo que você é.

É preciso entender que o aposentado apenas deixou de exercer suas funções profissionais nos termos da lei, mas que pode ser útil para muitas outras coisas. Ainda, há uma vida pela frente e ele precisa interagir, amar, sonhar e ser feliz. Um aposentado tem muita sabedoria, pois a prática adquirida durante os anos de trabalho serve de conteúdo para escrever muitos livros de autoajuda aos que estão iniciando sua profissão.

Deve-se lembrar que quaisquer setores, públicos ou privados, existem porque tiveram um início e que muitos contribuíram para a sua manutenção. Esses contribuintes são os que se ausentaram do trabalho prestado. Porém, apenas estão inativos, mas presentes no que contribuíram. Sendo assim, merecem ser lembrados e valorizados até o fim da vida. São os pilares que dão sustentabilidade ao estabelecimento onde desempenharam suas funções durante anos. E deixaram tudo arrumado para prosseguir com êxito no desenvolvimento social e comercial de hoje.

41

AMIGOS: NA ALEGRIA OU NA TRISTEZA?

Amigo verdadeiro é aquele que compartilha suas alegrias, e não somente as tristezas.

Percebe-se que, quando uma amiga "posta" algo de satisfação, de alegria e realização, são poucos os amigos a escrever uma palavra que demonstre terem se alegrado com tal notícia.

Nas redes sociais existem pessoas, não amigos. Porém, sempre se tem colegas, amigos e familiares muito considerados.

A evidência fica clara quando uma amiga "posta" algo que demonstra decepção, tristeza ou perda de um amigo ou familiar. A maioria do grupo visualiza, comenta e comove-se com tal acontecimento. Mesmo os que você nem sabe que fazem parte do grupo passam a ser vistos.

É o mesmo que um avião. Quando levanta voo para um destino bom, ninguém anuncia nada. Se um avião cair, vira notícia para sempre!

Assim é a vida. Quando estiver no alto, ninguém quer observá-lo. Quando descer, fica fácil alcançá-lo. Aí os olhares são outros.

É necessário ter amigos quando tudo vai mal. Mas não só isso. Amigo sincero é quem, além de segurar sua barra nas horas difíceis, sabe se alegrar com você quando tudo vai bem. Gente de verdade mesmo é a que aplaude o seu sucesso! É aquele que torce por você de verdade e quer vê-lo feliz.

Aturar sua felicidade, seu sucesso exige muito mais lealdade e esforço do que suportar sua tristeza, seu sofrimento.

Algumas pessoas que não são tão íntimas, às vezes, o apoiam mais do que as com quem você convive. São pessoas que não o conhecem muito de perto, não fazem parte do seu círculo de melhores amigos, colegas ou familiares, mas, mesmo assim, admiram você. Isso realmente acontece porque as pessoas mais próximas de você vivem no mesmo lugar. E não admitem você ter chegado aonde elas ainda não conseguiram chegar. Sendo assim, sentem muita dificuldade de lidar com isso.

Por esse motivo, deve-se aprender a observar quem escolher para compartilhar a sua vida.

Nos dias de hoje, não é difícil somar quantidade de amigos. Tem-se acesso às redes sociais que proporcionam o contato entre pessoas com mais facilidade, porém não se sabe se com qualidade.

No convívio social, fica fácil entender o comportamento e a atitude de tais pessoas que fazem parte do mesmo grupo. A certeza é que perceberá quem realmente deseja que seu voo caia para vê-lo pequeno e escondido nos escombros da vida. E também notará os que vibram com seu voo para ver você subir e se tornar grande.

42

UM PRECISA DO OUTRO

O ser humano precisa do outro. Admitir que não se vive sem a ajuda de alguém é entender a capacidade holística a respeito do mundo.

Todo ser humano precisa de amor, de um lar, de uma família, de amigos, de afeto e aprender e ensinar com o outro. Para sentir-se vivo, é preciso um sonho, uma canção, uma melodia, uma viagem, um trabalho. Sentir que tem algo a fazer e receber. Simplesmente uma troca que sustenta um ao outro. É bom sentir-se valorizado, mas, acima de tudo, necessita-se de convivência, mesmo que seja de ideias opostas.

O mundo como um todo precisa de eficiência, de rapidez, de pessoas focadas, fazedoras, porém não se deve esquecer da alma.

Muitas vezes, escuta-se dizer: "Eu não preciso de ninguém, vivo minha vida sem depender ou dar satisfação a ninguém"! Como assim? Sabe-se que se precisa do outro para vir ao mundo e que se continua precisando do outro até o último dia da vida. Precisa-se do outro para se alimentar, para a higiene do corpo e da casa, para estudar, enfim, para tudo! Você pode pensar: "Há, mas não estou doente"! Refiro-me aos que plantam e colhem os alimentos, aos que mantêm seu ambiente limpo em casa e no trabalho, aos que cozinham, aos que cuidam de sua saúde, do lazer e de tantas coisas que necessitam do outro, e de que os outros também necessitam de você.

Você pode dispensar a amizade de uma pessoa, mas, mesmo assim, nunca diga que não precisa dela. Em algum momento de sua vida a mesma pessoa poderá lhe servir. Cada um tem seu lado bom e o lado ruim, pois ninguém é 100% bom. Porém, deve-se ser humilde e admitir que um precisa do outro, mesmo que seja apenas para se sentir protegido.

43

NADA É PERMANENTE

Vivemos momentos de constantes mudanças. Nada é para sempre. Porém, devemos sempre nos tornar, na mudança, o que queremos ser.

Não é o mais trabalhador, o mais eficaz, o mais inteligente, o mais bonito nem o mais rico. Na verdade, ser o que melhor se adapta às mudanças que acontecem em nossa vida e em nossos dias é que faz a diferença.

Sempre que queremos mudar o nosso interior para melhor, dependemos exclusivamente de nosso esforço. Não há vida sem mudança. Não há mudança sem vida. Não podemos olhar apenas para o passado ou para o presente, para não perdermos o futuro.

O avanço não é possível sem mudanças; aqueles que não aceitam mudar as suas ideias e inovar sempre que necessário não conseguem mudar nada. Continuam sempre com o antigo, com o velho, pois não possuem o espírito inovador.

Ninguém pode se agarrar à mente, congelar no tempo. Quando aparece uma oportunidade, uma chance de mudar para melhor, é preciso fazer essa mudança.

Sabe-se que é difícil aceitarmos o novo, o diferente assusta-nos um pouco, no entanto é a única coisa que traz sucesso.

Há tempo em que precisamos mudar o caminho que fizemos todos os dias e que nos leva sempre para os mesmos lugares. É tempo de decolar: se não aceitamos pegar o voo e viajar para novos lugares, conhecer novos caminhos, dar oportunidades a nós mesmos de novos desafios, novos projetos, outras realizações, estamos sujeitos a ficar à margem de nós mesmos.

44

DAR INDIRETAS OU SOLTAR PIADINHAS

As palavras ofensivas e as indiretas nas redes sociais representam o nível de inteligência mais raso de um ser humano.

Se você quer se manifestar de alguma forma ou se afastar de alguém, seja objetivo e claro nas suas colocações. Não use indiretas e não seja demagogo em qualquer tipo de meio de comunicação em que todos possam lê-lo; esse comportamento diminui quem "posta", e não o destinatário da mensagem. É provável que essa pessoa não esteja preocupada com seus problemas, muito menos com os meios de comunicação em que você publica.

Quando sentir essa necessidade urgente de desabafar sobre algo, ligue para a pessoa envolvida e marque um encontro para falar o que realmente quer ou sente necessidade de falar. Porém, isso é difícil. Falta-lhe coragem e atitude para enfrentar seus assuntos.

Uma coisa é certa: quanto mais indiretas a pessoa emite, mais perde a admiração e o respeito dos amigos. Quem semeia indireta acabará colhendo desavenças.

"Respeito é o ato de não fazer aos outro o que jamais gostaríamos que fizessem com a gente"; é dar oportunidade para que a pessoa se explique e se defenda através do diálogo. Não humilhar ou não querer baixar a reputação de alguém por meio de grupos sociais, simplesmente porque nos consideramos certos ou melhores. Respeito ninguém vende e ninguém compra. Ele está na formação do seu caráter.

Seja sempre verdadeiro com os outros e com você mesmo!

45

VÍTIMA DE INJUSTIÇA

Quantas vezes somos vítimas de injustiças: além de isso causar tristeza, a dor é revoltante! Mas a justiça dos homens nem sempre é justa. Porém, nosso Pai Todo-Poderoso não dorme, pois, antes de ser juiz, Deus é espectador das nossas ações. Nem uma atitude deixará de ser julgada por Ele, não existe justiça esquecida aos olhos do Pai.

"Lei do retorno" significa que tudo o que fazemos tem retorno: sejam coisas boas, sejam coisas ruins. O perdão sempre será dado, mas as consequências dos nossos atos vêm da vida.

Nesta vida plantamos o que queremos, porém colhemos somente o que plantamos. Se plantarmos boas sementes, colheremos bons frutos, mas, se plantarmos semente ruim, colheremos maus frutos. Por isso, antes de fazermos o mal a qualquer pessoa, é preciso pensar e refletir: "E se acontecer comigo?" Sim, porque uma coisa é certa: "Recebemos o que doamos".

Devemos acreditar que, por toda injustiça sofrida, Deus sempre compensa de outra forma e a verdade sempre prevalece. O mundo dá voltas, e o bem sempre vence o mal. Portanto, não façamos o mal esperando o bem. Fica a dica!

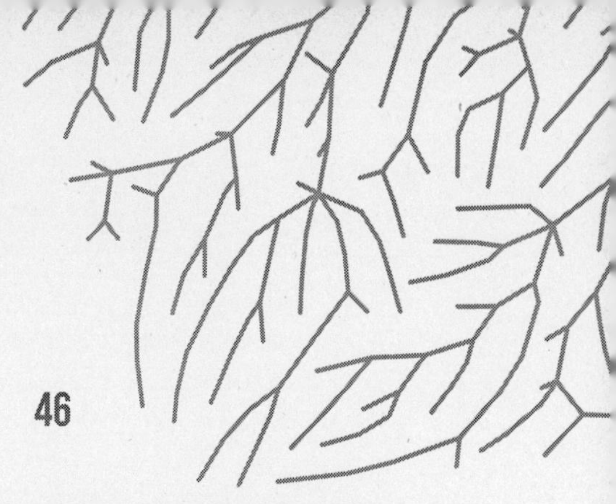

46

RESPEITO E TOLERÂNCIA NA POLÍTICA

A diversidade política é vital para um país democrático. Diversidade política demanda respeito, pois está presente nas três esferas: municipal, estadual e federal. Portanto, é necessária uma atitude de respeito e aceitação em relação aos representantes, aos militantes e aos simpatizantes de cada partido político.

Percebe-se uma conotação negativa no conceito de tolerância, empatia e atitude. Isso fica claro quando se acompanham as "postagens" nas redes sociais. Depara-se com "postagens" de ofensas e deboches, e os comentários dos manifestantes são de baixo nível. Muitas vezes escritos por pais e educadores. Que exemplos estão dando aos nossos jovens? Que cidadãos desejam formar?

No momento atual, precisa-se transformar os jovens em cidadãos críticos, criativos e conscientes para solucionar os problemas de seu meio social, além de dar-lhes oportunidade de fazer suas escolhas sem repressão.

País, estado e município são de todas as pessoas que a eles pertencem e exercem a cidadania. Sendo assim, o candidato eleito pelo povo com a maioria dos votos merece respeito e compreensão, porque, gostando ou não, é ele o representante que trabalha em prol de toda a população. E certamente, para fazer um bom governo, precisa de apoio, e não somente de críticas. A tolerância e a empatia começam na família e na escola. Portanto, deve-se dar exemplo às crianças e aos jovens. Ensinar-lhes a aceitar o outro, mesmo que seja adversário, entender que sempre é tempo de seguir novos caminhos, novos rumos em prol da humanidade. Compreender que a mudança muitas vezes é necessária e vem para melhorar. Entender que o pessimismo e o prazer de ver as coisas não darem certo não prejudicam somente os aliados ao governo, mas todos que usufruem dos Direitos Humanos.

47

ESTAR EM ORAÇÃO

Estar em oração diretamente com Deus é a melhor terapia para o ser humano. Demonstra a fé, a confiança e a esperança de ser atendido. A oração é uma conversa que se tem diretamente com o Pai Todo-Poderoso, que escuta todos os pedidos. Não precisa agendar hora nem pagar a consulta. Mesmo não seguindo seus ensinamentos, é-se perdoado.

Deus não deseja o mal para ninguém! O mal sempre existiu, mas Ele mostra o caminho certo. Basta segui-lo. Escolher o caminho do bem. Oração não é somente um Pai-Nosso, uma Ave-Maria. É também quando se está meditando, orando, conversando diretamente com Deus. Esse é um momento sagrado e secreto, pois nele você pode confiar, contar suas aflições, angústias e medos. Ainda é o momento de agradecer. Muitas vezes só se pede, e não se agradece.

Estar em oração é acreditar que por Deus nada é impossível! Muitas vezes se escutam pessoas dizerem: "Ah, mas pedi, pedi e não fui atendido"! De que forma, foi feito o pedido? Com fé e devoção, ou desacreditado? "Muitas vezes, a oração é feita quando a corda está no pescoço" (ditado popular antigo).

Deve-se sempre se lembrar de fazer uma oração antes das refeições, antes de dormir, antes de viajar. Assim, você se sentirá protegido e feliz pela oportunidade de conversar com o Pai do céu e não estará sozinho, e sim com a melhor companhia.

De uma coisa se pode ter a certeza: se alguém esqueceu o outro nesse contexto todo, pode-se dizer que foi uma parte da humanidade que esqueceu que, por trás de tudo o que existe, há um ser superior. Porém, Deus jamais esqueceu, esquece ou esquecerá seus filhos, seus fiéis que lhe dedicam suas orações.

48

FILHO DE FAXINEIRA FORMA-SE EM MEDICINA

É normal e comum ouvir uma notícia assim, de vez em quando. Qual é a surpresa? Seria impossível?

Às vezes, peca-se por não acreditar na capacidade do ser humano. Não entender que, mesmo com muito sacrifício, pode-se alcançar um desejo, um sonho na vida.

Não se mede a inteligência, a capacidade e a força de vencer, pela profissão ou pelas condições financeiras dos pais. Percebe-se em nosso meio quantas pessoas ganham igual ou até menos que uma faxineira e, mesmo assim, se formam numa universidade. Considero que todas as profissões são extremamente importantes para a sociedade, pois um depende do trabalho do outro. Se for analisar uma faxineira, seu trabalho realmente é árduo, mas ganha seu salário, pois cobram R$ 150 a R$ 200 a faxina. Então, qualquer outro profissional que ganha o mesmo salário não pode formar um filho médico? Teria que ser notícia. Sendo assim, parece que tais profissões são diminuídas. A profissão depende de cada um, do querer, do desejar, do almejar e não colocar empecilho, desculpas, sem antes tentar. Com muito estudo, dedicação, terá chance de chegar a uma universidade federal. Sendo assim, os gastos diminuem e, seja qual for a profissão dos pais, realizar-se-á o sonho almejado.

A mídia apresenta uma notícia assim como sendo um milagre, porém não há nada de anormal, uma vez que não está no que você recebe, mas na economia que se faz. Muitas vezes, com o pouco se faz bastante e com muito se faz pouco. A diferença é que filhos de pais poderosos não passam necessidades, e filhos de faxineira, ou de pessoas com outras profissões com o mesmo salário, vão para universidade apenas para estudar. Não fazem lanches; pegam livros emprestados; não usam roupas de marcas; não frequentam as festas da turma; vão para faculdade de ônibus. Porém, no fim do curso, o diploma é o mesmo. E a capacidade de atuar em sua profissão não vai ser menor por esses motivos. A pessoa vai ser um ótimo profissional, até para provar sua capacidade aos que dele duvidaram. Tem um ditado: "As coisas não chegam até você, mas você terá que correr atrás". Sendo assim, tudo é possível, basta querer.

Quanto a desejar, almejar, conquistar, o que vale é a dimensão da força e da coragem de cada um. Não importa a distância que terá de percorrer, nem a distância que terá de remar, nem a altura do muro que terá de pular e muito menos as tempestades que terá de enfrentar, mas o que realmente importa é a realização, a alegria que vai lhe proporcionar.

49

CRINGE

Diante de tantas notícias, surge nas redes sociais e nos noticiários a expressão "cringe". É uma gíria inglesa que significa "vergonha alheia". É a tal geração Z, nascida após os anos 1994, que se acha no direito de criticar o comportamento, os hábitos e os gostos dos "millennials", ou seja, os nascidos na geração anterior.

Cringe é usufruir das coisas modernas de última geração, como celular, videogame, fone de ouvido, câmera fotográfica e outros, que possibilitam os melhores vídeos, as melhores fotos, os melhores jogos... Bacana, legal, né!? Mas pergunto: quem paga por tudo isso? A geração Z ou a M? Usar tênis de marca e não saber lavá-lo, usar os melhores perfumes e não lavar as roupas íntimas. Saber tudo de Twitter, Instagram, Facebook e todas as gírias, mas não saber ortografia nem o verbo no infinitivo. Saber contar o número de seguidores e não saber a tabuada. Compartilhar os pratos mais sofisticados e bebidas famosas e não preparar seu próprio alimento. Esta é a geração atual!

Somos a geração "millennial", começamos a trabalhar ainda na adolescência e ralamos muito para conseguir o que desejávamos; e, por mais simples que fossem, aprendemos a valorizar nossas conquistas.

Assistíamos a *Tom e Jerry*, obedecendo a regras e limites, havia respeito aos pais e aos mais velhos. Somos do tempo em que os filhos pediam bênçãos aos pais ao deitar e ao levantar.

Tivemos de nos adaptar às tecnologias, sim, estudar e voltar a ser alunos para acompanhar a geração Z, mas graças a Deus isso não é um empecilho, porque aprendemos a ser fortes e nunca desistir, e que sempre é tempo de aprender, independentemente da idade que se tem. Assim sobrevivemos muito bem às mudanças, pois foi a nossa geração responsável pela invenção do mundo tecnológico e dos meios de comunicação.

Os jovens são um tanto arrogantes, prepotentes, imaturos, cheios de beleza e fantasias, olham os mais velhos com críticas ou descaso. Porém, não sabem que o tempo só não passa para quem morre e que nos leva para o mesmo caminho. Um dia perceberão como sua personalidade é parecida com a dos pais e vão se dar conta de que gostam das coisas que existiam há 20 anos.

Não vejo nada de vergonhoso em gostar de lembrar e reviver as coisas passadas que nos fizeram bem e nos deixaram felizes um dia. Porém, sem se fechar para o novo, é claro! O novo possibilita-nos viver diferentes emoções.

Portanto, é preciso que haja respeito entre as gerações. Entender que o gostar de um não é o mesmo gostar do outro, independentemente da idade que se tem. Os ancestrais marcam suas histórias, e sem eles nada os jovens teriam e nada os jovens seriam. Uma coisa é certa: será preciso o velho para construir ou renovar o novo. Essa é a lei da vida. Não há novo sem o velho, e não há velho sem o novo. Ambos se completam. Mais respeito e empatia!

50

O QUE VALEU A PENA?

Quando temos a oportunidade de viver até o fim de nossa vida e, infelizmente, percebemos que se aproxima a hora da partida, ainda temos tempo de nos perguntar: o que valeu a pena? E com certeza a resposta virá. O que realmente foi importante são encontros familiares, os encontros com os amigos e o bom relacionamento com os colegas de estudo ou de trabalho. As risadas, as brincadeiras, as histórias contadas, os drinks brindados juntos e que nos fizeram felizes por instantes.

As pessoas com as quais convivemos, são elas que sustentam a nossa trajetória de vida, são elas que nos dão estímulo para viver em sociedade. Se não for assim, se não houver um passado para lembrar, um presente para compartilhar e um futuro para planejar, quem provaria a nossa existência?

Somente quem participa da nossa vida pode compreender o que se passa conosco. Como foi o caminho percorrido para chegar até aqui. Os momentos podem ser de alegria ou tristeza, de medo ou coragem, de sucesso ou frustração, seja lá a situação de cada um.

Se não nos permitem uma identidade, então não existimos, e não haveria o sentido da vida. O que realmente nos faz lembrar é a memória de quem nos amou e compartilhou seus dias com a gente.

51

A VIDA SEGUE

A vida é corrida, os dias passam rápido, mas nunca se corre sozinho. Sonha-se em viver, porém nem sempre se chega ao lugar desejado. Mesmo assim, deve-se agradecer o espaço alcançado.

Aproveitar o lugar sentindo o cheiro das flores e aprendendo a lidar com as dores causadas por cada espinho. Aprender com cada decepção, cada perda, cada dor, cada vez que se machucar.

O futuro é incerto, obscuro, e às vezes é nas incertezas da vida que se chega à direção desejada. A perfeição não existe, o inesperado acontece, e será preciso estar apto a administrar a vida. Não se deixar influenciar pelos outros, não permitir que pessoas negativas estraguem o dia almejado. Optar sempre pelo melhor caminho, o do amor. Divertir-se da melhor forma, com o precioso tempo que se tem disponível.

Ser feliz é uma escolha, não uma dádiva. O melhor mesmo é optar pelo otimismo, positivismo. Isso sim trará boas energias e ótimas pessoas para um convívio saudável.

A vida é uma viagem que deve ser desfrutada plenamente. Aproveitar o caminho trilhado por Deus com sabedoria e coragem. Nesse percurso especial que é viver, felicidade é a satisfação plena alcançada por um momento, é a paz interior fluindo por meio de um sorriso espontâneo e de pequenos gestos de amor.

52

POR QUE OS JOVENS DE HOJE NÃO QUEREM INGRESSAR NOS CURSOS DE LICENCIATURA?

As licenciaturas representam a minoria dos ingressos na educação superior, em um cenário no qual o interesse dos jovens pela carreira docente é cada vez menor. O momento atual é de preocupação em relação à educação do país. As universidades alertam para o "sumiço de professores". Chega-se ao tempo em que a carreira docente mostra visíveis sinais de encerramento de suas atividades. Apresenta-se ameaçado o processo formativo pleno e digno de que as atuais e futuras gerações necessitam.

Percebe-se que docentes com 50 anos ou mais representam a maioria em exercício, enquanto aqueles com até 25 anos correspondem à minoria. O que será preciso fazer para recuperar o interesse de nossos jovens pela licenciatura?

Somam-se a essa baixa formação o sucateamento do ensino público, a defasagem salarial, as jornadas extenuantes, as humilhações em sala de aula, o desencanto e o adoecimento em um país que caminha para a extinção de docentes.

Mesmo tendo o dom de ensinar e do amor pelo trabalho de professor, comentários negativos a respeito da carreira docente, oriundos de várias ocasiões, de parentes próximos, de amigos, criaram barreiras para escolher de vez a licenciatura como formação.

Sabe-se que ser professor no Brasil não é fácil, quando se fala das condições horríveis de trabalho, de desvalorização, de baixo salário. Até existem professores que não indicam aos seus próprios alunos de ensino médio a carreira de licenciatura, por causa de todos esses problemas.

Você está preocupado com a educação no país? Com a falta de professores? Especialistas em educação escancaram a necessidade de investimentos na carreira docente por parte do poder público. Enquanto não houver valorização da profissão, principalmente no quesito salarial, o quadro tende a ser crítico. Já se pode imaginar como ficará a educação ameaçada sem cursos de licenciatura, sem professores docentes. Quem dará aula aos seus filhos, aos seus netos e aos seus bisnetos?

Sendo assim, a preocupação é de todos, e o momento exige reflexão e comprometimento. Exige conscientizar a todos que valorizar a profissão docente significa dar viabilidade a um projeto de grandeza maior, que envolve diretamente o processo formativo das pessoas e o desenvolvimento do país. Reconhecer que será preciso despertar o interesse dos jovens pelas licenciaturas, o seu apreço pelo ensino, pela pesquisa, pelo conhecimento. Rebuscar valores é fundamental e necessário para dar a cada criança, jovem e adulto as possibilidades de aprender e ensinar, expandir seus conhecimentos no âmbito pessoal, profissional e cultural.

53

TODOS POR UMA SÓ CAUSA

Covid-19: a pandemia mais recente na história da humanidade. O novo coronavírus atingiu todo o mundo. Mesmo os países com os sistemas de saúde mais desenvolvidos estão tendo dificuldades para lidar com o número de pacientes com necessidade de cuidados intensivos.

O ano de 2020 entrará na história da medicina. Os pesquisadores, os médicos e todos os que atuam na área da saúde serão os que narrarão esse fato tão polêmico e triste!

O vírus, que teve sua origem na China e se alastrou pelos países, trouxe muitos problemas sociais. Não escolheu condições financeiras nem raça. Todos pertencem ao mesmo barco, e cada um precisa remar para o caminho favorável, contra o vírus. Do contrário, poderá se perder ou se afundar no mar da pandemia.

Pode-se avaliar a pandemia como uma tempestade que chegou de surpresa e não se sabe quando vai acabar. A população toda vive momentos de ansiedade, angústia e insegurança. Sentimento de medo que pulsa em larga escala em todos os lugares. Surgem, também, problemas sociais, como a perda de familiares e amigos, a economia, o desemprego, a falta de equipamentos e leitos nos hospitais, uma luta constante pela descoberta de uma vacina ou um medicamento para amenizar a contaminação do vírus. Escolas fechadas, professores se reinventando, estudando os meios tecnológicos para poderem dar aula. Alunos tendo de aprender via celular ou computadores. Os pais tendo de auxiliar seus filhos nas atividades escolares, mas muitos não lembram ou não sabem tal conteúdo.

Essa mudança pública repentina virou rotina e obriga o cidadão a permanecer em um constante estado de alerta. Com isso tudo, a velocidade de informações da era digital é um "tsunami" tecnológico. Força uma permanente formação de opinião, por uma ótica questionável do que é certo ou errado. A todo o momento se está exposto a notícias falsas (*fake news*) que causam ainda mais pânico. Não é fácil se reinventar a todo o momento e captar um turbilhão de informações e imagens que se enviam e se recebem nas redes sociais.

O isolamento social também marcará esta fase que estamos vivendo. Manter distância de quem se ama não é fácil! Mas ainda há uma opção, que são as redes sociais.

Percebe-se a diversidade de opiniões em relação aos efeitos causados pela pandemia. Uns defendem um medicamento, outros são contra. Uns defendem a economia, outros defendem a vida. Mas, na verdade, tem-se apenas um problema. Não é somente um vírus que pode causar a morte dos seres humanos. A falta de alimento, de remédio, de moradia e de higiene também causa doença que pode levar à morte.

Sendo assim, a preocupação e a responsabilidade são de todos, independentemente da posição que se ocupa na sociedade.

Apesar de todos os acontecimentos e das inquietudes diante desta tragédia toda, ainda se pode classificar esta fase de isolamento como um aprendizado. Em tempos difíceis, nota-se que o ser humano se torna melhor.

Aumenta a solidariedade, a valorização, a fé e o amor pelo outro. Os médicos, os cientistas, os pesquisadores e todos que atuam na área da saúde são nomeados "anjos da guarda". Na verdade, sempre foram e nunca deixarão de sê-lo, mas o merecimento maior vem sempre em meio a uma desgraça. Esses profissionais colocam a própria vida em risco para salvar outras vidas em qualquer circunstância.

Existe um ditado que diz que, "Quando a água bate no pescoço, se aprende a nadar". Realmente é assim que se aprende. Nunca em outros tempos se viram tantas orações, novenas e clamor a Deus nas redes sociais como agora.

Nada mais que uma boa reflexão para entender os mistérios da vida. A coisa mais certa é que perante Deus são todos iguais, independentemente do que se tem ou da posição que se ocupa na sociedade.

54

O AMANHECER DIFERENTE DO ANOITECER

Lentamente, como se a lua se escondesse e as estrelas se apagassem na vida diária das pessoas com a chegada do coronavírus, pois uma grande mudança fez com que mudasse a rotina de toda a população.

Um dia desses, escuta-se uma notícia de que um vírus atingia a população de toda a China. Ah, mas isso está longe, muito longe! Não vai chegar aqui. Assim se pode viajar e participar do Carnaval, ir aos shows, levar a vida normalmente.

Mas a surpresa chegou e atingiu toda a Europa, os Estados Unidos e outros países.

O que parecia ser impossível chegou e atingiu o Brasil também. A luta é a mesma para os países.

As pessoas vão recolhendo-se aos seus aposentos. Já é hora de que tudo se acalme. Uma simples troca de luminosidade. Os carros do ano que circulavam servem de decoração nas garagens. As roupas de grife, para decorar o armário do quarto. Os sapatos de marca, para fazer as caminhadas do quarto até a sala e da sala até a cozinha. As maquiagens importadas, para perfumar a máscara. O exibicionismo nas redes sociais converteu-se em orações.

Neste momento, ninguém é mais que ninguém. Todos com um único objetivo: proteger-se do coronavírus.

O compartilhamento não é mais de festas, mas de medo, pavor, angústia e solidão.

Nesta situação toda, quem agradece é a natureza, que, neste momento de refúgio, está sendo generosa com a humanidade.

Numa época em que poucos dão valor a família, amigos, colegas, pois o tempo livre que se tem é destinado às redes sociais, agora se clama pela liberdade de sair, ver amigos, familiares e colegas. O afeto, o abraço, o aperto de mão, o convívio com o outro são um dos maiores desejos.

Nada acontece por acaso. Isso tudo pode transformar as pessoas em seres melhores. Mais humanas, mais solidárias, honestas, verdadeiras e com mais fé.

Sabe por quê? Porque a ficha caiu! Percebe-se que perante Deus são todos iguais, independentemente de raça, cor, sexo, religião ou classe social.

Pode-se acalentar a noite com o brilho das estrelas e o clarão da lua, porém amanhecer com a escuridão de uma tempestade.

55

LIÇÃO DA VIDA

Ao longo do tempo, a humanidade vem aprendendo lições, sejam elas boas, sejam ruins. A verdade mostra-se com base em histórias reais.

O distanciamento entre familiares e amigos começou bem antes do surgimento da pandemia. Muitos pais vivem distantes do amor e da companhia dos filhos. Muitos filhos não têm o carinho e o aconchego dos pais. Alunos preferem ficar longe da escola. Professores afastam-se por doenças, como depressão, decorrentes das dificuldades enfrentadas no dia a dia. Jovens preferem se isolar no quarto para jogar.

Há muito tempo o ser humano vem optando pela vida virtual, esquecendo-se da vida real.

O relacionamento entre os indivíduos é que forma a base da estrutura social. Porém, essa base se enfraqueceu muito com o passar dos anos. A evolução tecnológica trouxe muitas novidades atraentes, e, com isso, o individualismo aumentou.

Neste momento de pandemia, muitas das dificuldades são antigas. Porém, só são percebidas diante de fatos como este. As reclamações surgem: não se pode sair, ver amigos, visitar familiares. Tudo se torna mais importante agora; como diz o ditado: "Será preciso perder para dar valor".

Há quanto tempo você não faz uma visita ao seu primeiro vizinho de porta? Isso se você o conhece! Há quanto tempo não dá um abraço ou elogia seu colega de trabalho? Há quanto tempo você não faz um jantar de confraternização para seus familiares?

Sabe o que realmente incomoda muitas pessoas? O distanciamento das viagens, das compras, das idas aos salões, das festas e do glamour.

As máscaras não são novidades. Sempre foram usadas. São invisíveis na cor e no tamanho, porém estampadas na atitude, no caráter, na falsidade de muitos indivíduos. A única diferença é que a máscara de agora é para se proteger; e a invisível, para se corromper.

Acredita-se que o ser humano possa mudar, sim! No entanto, não se sabe por que o desejo de mudança se manifesta quando já está se afogando. A mudança poderia ocorrer em momentos bons, para assim poder compartilhar as coisas boas da vida com os que estão próximos de você, que o amam e que você ama.

É possível entender a necessidade, a ambição e a satisfação do seu ego e o desejo de que tudo gire em torno de você.

Portanto, ao subir os degraus e ao perceber que todos estão no mesmo andaime, manifesta-se o pavor, o medo e a insegurança. Se subir, poderá cair; se descer, poderá afundar.

56

ORAÇÃO

Meu Deus!

Criador do mundo,

Tu que tens o poder de mudar tudo;

Que tens paciência para escutar seus fiéis e atendê-los sempre que for chamado,

Estenda suas mãos e abençoe a nação.

Na glória de teu poder

E na compaixão de teus filhos.

Ouve a minha prece, Pai amado!

Fazei com que o maior inimigo da humanidade, o coronavírus, afaste-se o mais rápido possível,

Pois está causando medo, angústia, insegurança e muitas mortes!

Deus Pai na sua infinita bondade!

Abençoe a todos os profissionais da área da saúde, que colocam a própria vida em risco para salvar outras vidas. Dê-lhes força, saúde e muita sabedoria para enfrentarem estes dias tão difíceis!

Eu suplico de todo meu coração:

Ilumina a mente dos cientistas e dos pesquisadores e dê-lhes força, coragem e entusiasmo para que continuem seu trabalho em prol da salvação da humanidade, pois tanto estudaram, tanto pesquisaram e alcançaram o que desejavam. Vacinas para imunizar as pessoas, pois estavam sendo esperadas pelo mundo todo.

Abençoe ainda todos os trabalhadores que saem de casa todos os dias para trabalhar e não deixar a nação sem alimentos.

Dê força e coragem às pessoas que perderam algum familiar ou amigo em meio a esta pandemia.

Meu Senhor Todo-Poderoso, sei que estás me ouvindo.

Protege minha família, meus amigos, meus colegas, meus alunos, meus vizinhos, meus leitores e toda a humanidade.

Devolve-me a tranquilidade, a paz e a liberdade.

Serei grata, Senhor, pelo resto de minha vida e prometo me tornar uma pessoa melhor. E levar seu nome a todos que ainda têm esperança e fé.

Obrigada, meu Senhor!

57

ANSEIO PELA VACINA

O anseio pela vacina em momento de pandemia. Desde o início da manifestação do coronavírus, começaram a ser realizados estudos e pesquisas por uma vacina eficaz contra a Covid-19. Grandes preocupações em solucionar esse problema social tão grave, uma vez que a contaminação só tende a aumentar e muitos já perderam a vida precocemente. Os países tentam garantir uma resposta sustentada nas pesquisas.

Muitos brasileiros querem receber a vacina. Porém, não se entende o que passa pela cabeça dos que não aceitam tomar a vacina. Há, claro, simpatizantes do movimento contra as vacinas no Brasil, que acreditam que elas são um mecanismo de grandes corporações para domínio das mentes.

Percebe-se uma descrença na ciência, o que pode trazer graves consequências. Não se deve colocar a ciência em um patamar de perfeição, uma vez que ela é feita por seres humanos, e estes, sujeitos a falhas. Porém, no momento de uma pandemia incontrolável, o melhor a fazer é a vacina.

Sabe-se que, quando uma vacina se mostra segura e eficaz em um ensaio clínico, as agências regulatórias avaliam a indicação e contra indicação. Sendo assim, não há motivo para não confiar. A confiança nos profissionais já é um começo para combater uma pandemia. O melhor a fazer é acreditar e ter fé nos deuses pesquisadores. Eles são a salvação da humanidade. E aqueles mal-informados e descrentes devem procurar a verdade e se fortalecer com a esperança de que tudo dará certo, basta acreditar em quem estudou e está apto a fazer seu trabalho.

Trata-se de um esforço que envolve milhares de pessoas e, com certeza, realizado com respeito ao método científico com muitos testes, publicações de dados para melhores informações e segurança.

Nota-se que pessoas que obtêm suas informações sobre as vacinas por meio de redes sociais, de conversas com amigos, parentes ou grupos religiosos ficam mais expostas a conteúdos falsos. Conforta saber que a campanha de vacinação realizada pelo Sistema Único de Saúde (SUS) ganhou a confiança e garantiu a credibilidade para imunizar a população.

Difícil de entender é que as notícias verdadeiras, muitas vezes, demoram a chegar aos olhos dos leitores. Porém, as notícias falsas chegam muito rápido! E, até que se prove o contrário, já andaram de ouvido em ouvido como telefone sem fio. Sendo assim, os que se conformam com uma única informação é que são os prejudicados, pois são acostumados a se conformar com o negativismo do outro e aliam-se à mentira, abstendo-se da verdade. Criam barreiras onde deveriam buscar soluções.

58

NOTÍCIA OU *FAKE NEWS*?

Neste momento de pandemia, se você tem acompanhado os noticiários ou as redes sociais, é bem provável que esteja sendo bombardeado de informações sobre a vacina contra o coronavírus.

É preciso tomar muito cuidado antes de absorver dados que muitas vezes não condizem com a realidade. Notícias falsas (*fake news*), os "disse me disse" e os "ti-ti--tis" jamais devem ser levados em consideração, pois existem fontes de notícias seguras e sérias. Sendo assim, se houver dúvida, procure uma fonte de informação que lhe dê total segurança no assunto.

Deve-se ter em mente que a vacinação é a forma mais eficaz de combater doenças infecciosas. Se não fosse pelas vacinas, estaríamos vivendo pandemias mais frequentemente. Além disso, quando você se vacina, não está protegendo somente a si, mas às outras pessoas com as quais convive diariamente.

Um pouco de empatia não faz mal a ninguém: ver o outro, entender o que está se passando, seus anseios, suas dificuldades, seus medos e tentar ajudar com palavras verdadeiras, positivas e animadoras para seguir lutando pela vida. Muitos já perderam familiares, amigos, e temem perder sua própria vida.

Não se pode ter medo da vacina, mas de quem vai aplicar a vacina, sim! Claro que não se pode generalizar, pois existem mais pessoas do bem que do mal. Porém, assistir pelos noticiários a uma pessoa que se diz ser humano injetar uma seringa vazia, sem a vacina, assusta mesmo! É inacreditável, inadmissível que alguém tenha coragem de cometer tamanha atrocidade com uma pessoa idosa, e, mesmo que fosse uma criança ou um jovem, isso não se faz! Em que se encaixa esse tipo de corrupção? Qual era a intenção? A quem beneficiaria? São perguntas que nos deixam inquietos e apavorados. E agora? Dessa vez não foi *fake news*!

Os pesquisadores, os cientistas, os laboratórios, enfim, todos os responsáveis em apresentar uma vacina segura e eficaz trabalham com a intenção de apresentar uma solução para pelo menos amenizar o problema do mundo todo. A maioria crê que são pessoas bem-intencionadas e preocupadas em dar e fazer o melhor em prol da humanidade. Porém, não se tem a mesma certeza de como vai ser a distribuição e aplicação dessas vacinas, uma vez que não está escrito na testa de ninguém se é do bem ou do mal: é *true human* ou *fake human*?

59

MUDANÇAS REPENTINAS

Ninguém imaginava que de uma hora para outra os hábitos mudariam repentinamente.

Em tempos de pandemia, sou obrigada a mudar os produtos e a forma de higienização. Deixar os prazeres de aroma, da cor, pelo que é eficaz no combate às bactérias. E assim cumpro rigorosamente a cerimônia diária de higiene para afastar meu maior inimigo, o chamado "coronavírus".

Quando acordo pela manhã, a primeira coisa que faço é a higiene pessoal, mas agora com mais cuidado para me manter longe do inimigo. Porém, quando saio para fazer compras, algo me apressa a realizar tudo o mais rápido possível, e a sensação é de estar suja. Chego a casa, largo o que ocupa minhas mãos e corro para fazer novamente a higienização de tudo. Sinto saudades de usar um creme nas mãos, mas logo penso no álcool em gel, o mais novo companheiro de todos os momentos, pois acompanha-me em casa, na bolsa, no carro, e aonde chego lá está ele a minha espera!

Sou adepta dos prazeres. Como abandonar tudo? Como mulher vaidosa que sou, adoro usar batom, rímel, lápis de olho. Mas tudo isso deu lugar somente a um objeto, a "máscara"; e assim os batons ficaram esquecidos no fundo das gavetas, já vencidos, o rímel seco, duro. Olho para o espelho e pergunto: o que faço? Não esqueça a máscara! Ainda tenho esperança de, quando tudo acabar, me apropriar dos meus preferidos.

Tudo se transformou num instante. O que eu usava até então, de repente, deixei de usar. Quando me arrumo para sair, lembro-me do batom, corro para pegá-lo, mas lá não está mais. Olho novamente no espelho e pergunto: quando minha vaidade voltar?

60

INIMIGO DA HUMANIDADE

Como o vento forte, o coronavírus espalha-se pelo mundo
Para se contaminar, bastam alguns segundos
É um desespero profundo!
O medo, a dor, a perda,
Mas muitos não veem nem sentem
Ignoram, ironizam
Isso prejudica muita gente!

A prevenção não tem contraindicação
Ficar em casa no momento é a melhor solução
Mesmo que não seja uma opção
Aproveite o tempo que tem livre
E ore pelos seus irmãos
Os que estão acamados e os que partiram para outra dimensão.

Lembre-se de lavar sempre as mãos
Com muita água e sabão
Usar sempre a máscara em qualquer ocasião
Usar álcool em gel em todas as situações

Cuide-se, preserve sua vida!
Não se tem mais leitos nos hospitais da cidade
Nem UTIs nos casos mais graves
Os profissionais da saúde estão cansados, doentes,
E mal alimentados, exaustos de ficarem acordados.
Muitos perderam a vida
Pobres coitados!
No coração dos pacientes para sempre
Serão lembrados!

Limpe bem sua casa
Faça a dedetização,
Mas não se esqueça
De limpar e purificar seu coração
E da cabeça tira o pensamento da maldição
Do ódio, e da ambição!

Isole-se do mundo lá fora
Concentre-se no seu mundo interior
Reflita sobre o valor da vida
E o que significa o amor
Mantenha a fé, a esperança, a serenidade,
Nunca deixe de sorrir
O sorriso faz bem em qualquer idade
Estenda sua mão para quem tem necessidade
Esse é um dever de quem vive em sociedade

Em tempo de pandemia
O ser humano demonstra seus sentimentos

Pelas redes sociais, registra seus pensamentos.
Seja com uma linda mensagem,
Seja com um feliz bom-dia!
E não cansam de pedir em orações
Para que Deus devolva a liberdade que se tinha
Em outros dias!

Chegou a luz no fim do túnel!
Com tantos pedidos de fé e orações
Chegou a vacinação
Um bom trabalho de conscientização
Nossos governantes buscando sempre
A melhor solução
O povo se cuidando e tomando as precauções
Poderemos chegar ao fim desta contaminação

Voltar a vida ao normal
Os alunos à escola retornarem
E os estudos retomarem
Juntarem-se as mãos e a Deus agradecer
A vida, a saúde, o seu lar,
E ao anoitecer ver as estrelas, o luar,
E ao amanhecer ver os pássaros cantar
E sol em seu quintal brilhar!
Mas, para que tudo aconteça,
Você não pode deixar de acreditar
E sonhar!

61

SILÊNCIO

Eu poderia falar tantas coisas, mas hoje o silêncio fala por mim. Optei por ficar em silêncio a tantos dizeres instalados na minha garganta.

Ao presenciar suas dores, seus sofrimentos, suas perdas, suas angústias. Meus pensamentos estão longe, como às nuvens que não posso tocar, dias sombrios!

Deixe-me aqui, no quarto, em companhia de mim mesma. Curtindo meu silêncio. Falar não quer! Não, eu mesma não quero ouvir.

Deixe-me voar com meus pensamentos tão longe, que nem me vejo mais aqui.

Deixe-me aqui ou ali, pois nada é certo, o aqui, o agora, o amanhã, o que será? Só tenho a certeza de uma coisa: o passado não mais voltará. Somente as lembranças para me alimentar.

A travessia é perigosa, o muro, tão alto, o rio, tão imenso! Mas deixe-me assim, buscando respostas, para o que parece não ter razão.

Observo tudo ao meu redor, a vida parece um jogo de regras, confusas, em que se percebe que o jogo é perder.

Deixe-me aqui no silêncio, me perder de tudo e de todos, na esperança de um dia poder me encontrar.

Sigo meus dias sem rumo certo, lágrima no rosto, alguém sempre vai embora, não tem despedidas, e por isso minha alma chora!

Tem quem pense que o silêncio não diz nada. Para mim ele guarda palavras, sentimentos, lembranças importantes, muitas vezes a da dor. Dor de não ser mais como antes. E assim sigo no silêncio que revela o que realmente o coração sente.

Meu ego me responde entre o silêncio e palavras mal interpretadas, o melhor mesmo é ficar calada. Mesmo que eu tenha como companhia o escuro da madrugada e conversar com a lua, as estrelas, e com elas obter a resposta. Deus me ama! Isso me fortalece e me conforta!

62

OITO DE MARÇO DE 2021: DIA DA MULHER

Oito de março. Essa data faz refletir sobre a luta de combate às discriminações, às desigualdades e à violência contra a mulher.

O tema do Dia Internacional da Mulher de 2021 é Mulheres na liderança: alcançando um futuro igual em um mundo de Covid-19. A data celebra os enormes esforços de mulheres e meninas em todo mundo na construção de um futuro mais igualitário e na recuperação da Covid-19

Percebe-se quanto às mulheres evoluíram, demonstrando suas habilidades, competências e conhecimentos em diferentes setores de trabalho. As mulheres de hoje contribuem para decisões políticas e leis. Estão presentes no Poder Executivo, Legislativo e Judiciário.

Em tempos de pandemia, estão na linha de frente da crise da Covid-19 como profissionais de saúde, cuidadoras, inovadoras e organizadoras. Grandes mulheres cientistas, pesquisadoras em diferentes estágios da luta contra o vírus. São muitas profissões que atuam na linha de frente contra a pandemia nos hospitais: médicas, enfermeiras, fisioterapeutas, nutricionistas, recepcionistas, secretárias, faxineiras, cozinheiras psicólogas, psiquiatras, dentistas que atendem nos consultórios, mas fazem procedimentos hospitalares, farmacêuticas e todas que atendem nas farmácias, bioquímicas e todas que trabalham em laboratórios, religiosas que levam a palavra de fé e conforto aos doentes, e outras. São todas guerreiras que merecem nosso respeito, admiração e muitas orações!

As mulheres do setor educacional também sofrem impacto com a pandemia, pois tiveram de se reinventar para atenderem seus alunos. Enfim, de um modo geral, todas as mulheres sofrem com esta mudança. Sendo assim, toda e qualquer profissão exercida pelas mulheres deve ser valorizada e reconhecida. Nota-se um avanço muito grande em prol de sua valorização.

A interrupção das atividades acadêmicas e escolares e dos serviços domésticos subcontratos, desde logo, sobrecarrega as mulheres, que necessitam harmonizar os esforços de trabalho remoto com os cuidados dos filhos e da casa, que, em muitos casos, segue como responsabilidade somente sua.

Entende-se que a mulher já conquistou um espaço grande na sociedade em termos de direitos e valores. Porém, precisa continuar lutando por mais dignidade e respeito. Deve-se repudiar quaisquer atos de violência ou discriminação contra a mulher.

Com carinho e admiração, deixo aqui meu abraço a todas as mulheres ativas em todos os setores de trabalho. E também meu agradecimento a todas as mulheres que estão inativas por já terem contribuído com o tempo de trabalho na sociedade. Ainda dedico minhas orações a todas as mulheres que perderam a vida por violência, pelo coronavírus, pelo câncer ou por qualquer outra doença. Em especial as que perderam a vida para salvar outras vidas, por atuarem na linha de frente nesta pandemia. Que Deus as tenha juntado a ele, em sua morada na paz, na luz e na serenidade, no descanso eterno.

Meu eterno agradecimento!

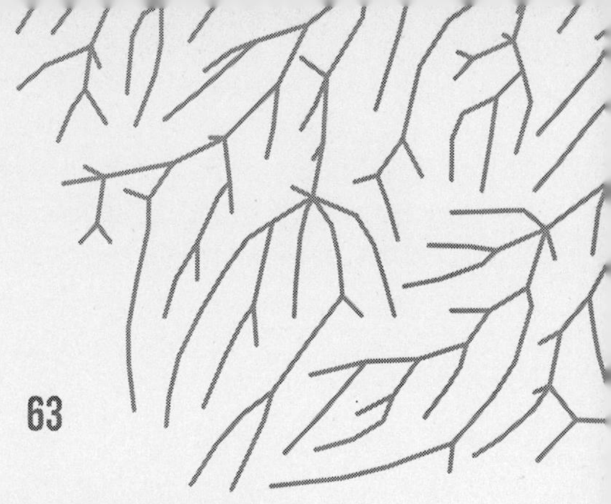

63

REPÚDIO ÀS MALEDICÊNCIAS

A sociedade é constituída por seres humanos, que estão sujeitos a acertar ou errar, ser bons ou maus. Sendo assim, estamos sempre expostos ao perigo, à maldade vinda de um ou de outro que não sente amor nem empatia por ninguém.

Outro dia, ao acompanhar as notícias, escutei fatos lamentáveis, como o caso de uma mãe que é cúmplice do companheiro na morte de seu filho, de um médico que estuprava as pacientes na maternidade, de assaltos à mão armada, de crianças vítimas de violência, de mortes no trânsito, de desastres ecológicos e ambientais.

Parei de assistir à TV. O clima estava muito triste. Peguei o celular nesse momento e então logo li comentários maldosos. Quanto trabalho o Senhor tem em querer reconstituir certos seres humanos! Se assim posso chamá-los. Em meio a tantas tristezas, os dias já não são mais os mesmos. Todos os dias se perdem vidas e outras coisas mais. O aconchego dos familiares e amigos, a liberdade e o prazer de sentir o vento no rosto, devido à poluição. Porém, pior ainda é aquele que perdeu o respeito, a dignidade, o amor e a empatia pelo outro.

Uma das maiores virtudes é poder ver no outro a semelhança de Deus e a Ele retribuir coisas boas que o façam feliz. Porém, fico muito triste ao perceber que há muitas pessoas racistas, egoístas, prepotentes, possessivas e maldosas. Acham-se seres superiores a qualquer outro.

Não se morre apenas pelo coronavírus, mas por qualquer outra fatalidade. Até mesmo uma tristeza causada pelo bullying sofrido poderá levar à morte. A vida aqui na Terra não é eterna.

Independentemente de cor, classe social ou orientação sexual, todos têm os mesmos direitos. É necessário repudiar qualquer tipo de violência ou discriminação! Preconceito é crime; além disso, causa dor e sofrimento às vítimas.

O que leva alguns a sentirem tanto ódio? Por que tantas maldades? Uma breve reflexão sobre os acontecimentos atuais, pois nada acontece por acaso. Somente se tem a certeza da morte, e com ela se leva o que se fez de bom. E deixam-se os ensinamentos e os bons exemplos. Perante Deus são todos iguais. A única diferença está no tamanho e no preço do caixão ou tipo de sepultamento. Há quem seja cremado, outros enterrados no chão e ainda os que preferem túmulos de cimento e tijolos. Reflita sobre isso!

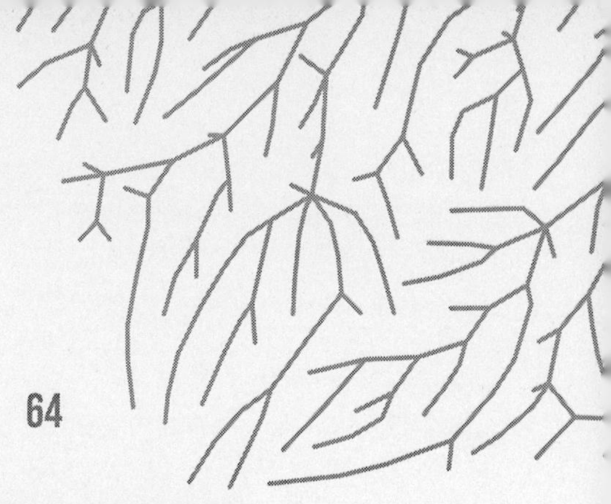

64

QUEM SÃO OS HERÓIS?

Fama, status, mídia, poder tornam você um ser melhor que os outros?

Percebe-se que a desigualdade social é que torna a vida dos trabalhadores mais difícil. A mídia tenta passar para o público que tudo se pode comprar, pois as propagandas enganosas tentam mostrar marcas, estilos, pessoas bem resolvidas financeiramente e tudo mais.

Nem sempre o que a mídia mostra é o melhor, e assim é o ser humano; os bens materiais não provam o tamanho do seu coração, do seu amor, do seu esforço.

Muitos chiques, famosos ganham muito bem, pela oportunidade de ter a mídia ao seu lado, caso contrário seriam apenas trabalhadores como tantos outros. Sabe aquele ditado "Nem tudo o que brilha é ouro"? Então, muitos são bonecos em forma de gente, sem sentimentos, sem amor, sem respeito e sem gratidão pelo outro.

É insuportável ver pessoas inúteis, que fingem ser o que não são e que são o que se gostaria que não fossem. Vivem ostentando, ganhando dinheiro fácil, sem entender o que está se passando no país e no mundo.

É lamentável ver trabalhadores que têm trabalhos árduos para sustentar a família. Pagam seus impostos corretamente e atuam na sociedade com muita dedicação e responsabilidade. Há também os que trabalham durante o dia para comer à noite. E ainda se veem os que não têm trabalho nem comida.

Nesse contexto todo, apresentam-se os engravatados dando show, roubando, enganando, ostentando levar uma vida de luxo, tomam banho de perfume importado e saem espalhando aroma e bom cheiro. Por onde passam deixam suas marcas. Porém, de alma suja, seu íntimo espalha maldade, sujeira do dinheiro ganho com facilidade.

Sabe-se quanto se valorizam as pessoas pela aparência, e não pela sua essência. Neste momento de pandemia, a maioria das pessoas está em confinamento em casa, pacientes nos hospitais lutando contra o vírus, os médicos confinados dia e noite nos hospitais salvando vidas. Os professores e os alunos confinados atrás dos computadores, reinventando-se para dar e receber as aulas. Porém, temos ainda os confinados do *Big Brother*, pois estão dentro de uma casa de luxo, ganhando cama, mesa e banho. Ainda ganhando roupas, calçados, perfumes e tudo mais das lojas. Enfim, são prêmios e mais prêmios. Ganhando milhões de seguidores, fama, status e a mídia toda.

Quem são os verdadeiros heróis? Os heróis são aqueles que trabalham para salvar vidas, colocando sua própria vida em risco. São todos os que trabalham arduamente para sobreviver. São os que produzem os alimentos para alimentar vidas. São os que educam, dão formação para formar seres humanos de alma e sentimento.

Porém, há quem diga que heróis são os que vencem um jogo, os que vencem o *Big Brother*, os que vencem um concurso de beleza.

Portanto, os verdadeiros heróis devem ser aqueles que venceram o preconceito, que venceram a fome, que venceram a doença, que venceram o cansaço, tudo em prol da vida.

65

DIAS SOMBRIOS

Estamos vivendo tempos difíceis, sombrios. De cada um que converso, ouço a mesma coisa: "Nunca havíamos pensado ou imaginado vivenciar tudo isto"! O mundo todo está passando a mesma experiência, a insegurança, a incerteza de dias melhores.

Ainda que o "lockdown" ou o isolamento social já não seja novidade, uma vez que foi vivido por muitos países durante a Gripe Espanhola em 1918, esses anos todos que se passaram deram o entendimento de que não ficaríamos mais à mercê de vírus ou bactérias.

Alimentamos a esperança de diminuir a mortalidade com o avanço da medicina, no que diz respeito a vacinas e antibióticos. A longevidade do ser humano parecia ser cada dia maior. Acreditávamos que as chances de morrer por doenças seriam poucas.

Segundo especialistas, em consequência dessa situação tão peculiar durante os últimos tempos, pessoas estão experimentando, criando várias maneiras de manter o afeto, o diálogo, a solidariedade. Porém, mesmo assim, a solidão, a irritação, a frustração, a ansiedade, a tristeza e até mesmo a depressão estão entre os sentimentos mais relatados pelos brasileiros e também pelos estrangeiros.

Cada dia, parece que perdemos nossas forças, nossos instrumentos para lidar com as perdas, as dores e os sofrimentos. O mundo já não funciona da mesma forma que conhecíamos. As chaves para abrir as portas já não são as mesmas. Precisa-se de novas ferramentas.

As nações estão todas de luto. Estamos de luto pelos que partiram e por tudo o que não podemos vivenciar e participar. Estamos de luto pela educação, pois não se pode ter uma educação de qualidade. Estamos de luto por não poder compartilhar os momentos com familiares e amigos. Mas, principalmente, estamos de luto por não nos sentirmos seguros.

A impressão que se tem é que o tempo parou para esperar o novo coronavírus passar. O amanhã é incerto, o agora de sofrimento e angústia. O pensamento do dia resume-se em: "fé, coragem e esperança". Ainda surgem as dúvidas: vou para o trabalho ou fico em casa? Preservo a vida ou a profissão? Como se ganhássemos uma resposta possível, como se pudéssemos proteger um ao outro.

Neste cenário atual, encontram-se aqueles que negam a gravidade do que vivemos e insistem em tentar viver uma vida como antes. Porém, esquecem que o vírus é contagiante e que não adianta a casa ser grande e arejada, o carro de luxo na garagem, ter os pais médicos. Vírus e bactérias não perguntam nada, alojam-se em seu organismo e alimentam-se, vivem até encontrar outra morada. Sendo assim, cuide-se e cuide dos seus, porque o próximo poderá ser você!

66

ISOLAR-SE DO MUNDO LÁ FORA

O momento é de cuidados, de proteção e isolamento social. o que faço? Como vão ser meus dias? Deveria ter me precavido mais, estudado mais, aprendido os métodos tecnológicos essenciais para o convívio a distância.

Desafio, medo, mas prossegui sem nunca desistir. Afinal, é isso que falo aos meus alunos. As primeiras aulas on-line: envia, reenvia, apaga. Ufa! Angústia, tédio, fome. E, no decorrer da semana, quilos a mais devido à rotina. Computador na mesa, no sofá, na cama, em frente à TV. Claro, durante todo esse período, um celular na mão, na cabeceira da cama, no balcão do banheiro.

Ao anoitecer, segue-se a rotina, *live* na sala, um recado no grupo, correção de atividades na *classroom*. Aulas encaminhadas, e-mails respondidos, status públicos, fotos visualizadas e comentadas. O que parecia ter finalizado ainda estava incompleto. A sensação de não ter cumprido com o dever de ensinar. O telefone sempre a tocar. Grupos de estudos, alunos, familiares. Notícias boas, notícias ruins e o coração a pulsar, a mente cansada, entediada, as redes sociais parecem não trazer nada de novidades. A casa parece perder o encanto, mas preciso continuar!

Então, eis que me surge a ideia de me refugiar. E assim fiz! Saio para o pátio e recebo um convite. Das minhas lindas e alegres plantinhas, como as flores que também sofrem com a minha ausência. Percebo que ali posso mudar o meu dia, minha rotina. Replantar, limpar. Novo trabalho, novo aroma, novas cores, novo ar. A sensação de renovação. Não há dúvidas: algo assim tornou meu isolamento social bem melhor e saudável.

Às vezes uma ideia, um momento, um acontecimento inesperado e momentâneo proporciona-lhe um momento nunca vivido antes.

67

O QUE SE ESPERAVA DO ANO DE 2022

Esperava-se que se entraria no novo ano livre de pandemias, imunizado com a vacina; poder recomeçar as atividades, os projetos inacabados; livre de novas doenças contagiosas e das restrições.

O que parecia estar solucionado não está! O mundo todo está apreensivo com o surgimento da "ômicron", a nova variante do coronavírus. Identificada pela primeira vez na África. E, mesmo com a proibição dos voos oriundos de países africanos, a cepa chegou ao Brasil. Ainda surgiu a doença chamada "varíola dos macacos". Sendo assim, as doenças contagiosas continuam aparecendo.

Dessa forma, a cautela será novamente a melhor política. Com a grande maioria já vacinada, fugir da aglomeração, quando necessário usar máscara e, na medida do possível, evitar locais fechados. Ainda não se esquecer da higienização das mãos, dos objetos e do ambiente onde se está.

Nesse cenário, a grande crise econômica cada vez mais aumenta. A inflação subindo, e os preços dos alimentos, e qualquer outro produto disparando. Cada dia as dificuldades de sobreviver com dignidade aumentam. Quem teve a sorte de viver o passado e continuar vivendo o presente, cuide-se e respeite as regras ditadas em tempos de pandemia para assim obter a graça de continuar vivendo, e no futuro contar à nova geração o que aprendeu nestes anos de dificuldades. Como diz o ditado popular: "Se não se aprende com amor, se aprende com a dor"! Realmente, quem não perdeu um familiar, um amigo, um colega, um vizinho ou sofreu por alguém que passou em um leito de hospital lutando para sobreviver?

Neste momento de pandemia, quem não temeu morrer? O maior sofrimento é a incerteza de sair desta crise sem nenhuma sequela. Sim, porque, seja qual for, o sentimento de dor, de perda, ficará para sempre.

Portanto, cuide-se, pois não está escrito na testa de ninguém: "Você será a próxima vítima"!

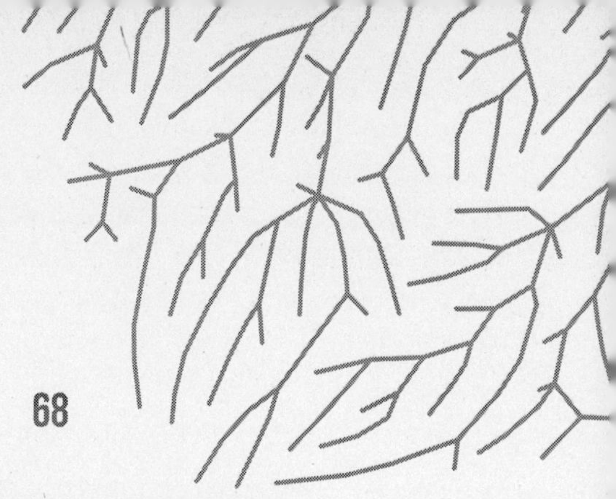

68

NOTICIÁRIOS DO MOMENTO

Estamos sendo bombardeados com notícias nada agradáveis nestes últimos tempos. Pandemia de "coronavírus e suas variantes". A cidade de Petrópolis, no Rio de Janeiro, destruída por desmoronamentos devido ao excesso de chuvas, a guerra da Rússia com a Ucrânia e tantos outros acontecimentos que causam dor e tristeza: famílias desamparadas, sem casa, sem vestes e sem alimentos.

Estamos acompanhando pelo noticiário a guerra entre Rússia e Ucrânia. Quando vemos aquelas famílias sendo prejudicadas por inteiro, não há coração que resista sem derramar lágrimas. São famílias abandonando suas respectivas cidades, sua casa e indo para países vizinhos, deixando para trás tudo o que construíram uma vida toda! Ainda deixando seus sonhos para trás sem ter a certeza de um dia poderem voltar. Mães deixam esposo e filhos mais velhos para lutarem com as armas, e ainda levam as crianças pequenas. Porém, há os que não conseguem sair de lá e ficam à mercê dos acontecimentos, sem comida, sem água, e o pior: podem não acordar com vida, pois muitas crianças, policiais e outros já morreram no conflito.

Sendo assim, o mundo todo sofre as consequências da guerra, da pandemia, pois prejudica todos os países, causando uma grande crise social, cultural, econômica e financeira. Quem de nós não sente medo? Todos temem o que ainda está por vir. Este é o momento de nos colocarmos no lugar do outro e perguntar: e se fosse com minha família, como seria?

Nossos dias não são sempre rosas, pois há dias de espinhos, e devemos estar preparados, porque fatos acontecem sem avisar. A vida, apesar de toda doçura, tem também lições amargas e muitas vezes dolorosas. Apesar de tão bela e delicada como as flores no jardim, mesmo contendo aromas suaves, de quando em quando nos deparamos com as tristezas, com as decepções imprevisíveis que nos levam a tomar decisões indesejáveis.

Cada um de nós constrói seu espaço com muito esforço, dedicação, persistência e determinação. E, em algum momento da vida, vê-se ameaçado ou desgraçado por acontecimentos que deixam marcas para sempre! Diante dos fatos, a vida requer de nós ainda mais empenho, esforço, força de vontade, coragem, otimismo e compaixão pelos que sofrem.

Ninguém está livre de passar por dificuldades, não estamos blindados contra situações que ameaçam roubar nossa paz e até mesmo nossa vida. Sabemos que nem todo o dinheiro do mundo nos tira de acidentes por fatores sociais ou ambientais. Porém, passarão! E os que ficam terão as experiências adquiridas e nos farão suportar, reaprender, refazer e recomeçar sempre que for necessário.

Portanto, entende-se que a vida não é um mar de rosas, mas também não é um jardim sem aroma e cor. As dificuldades muitas vezes são desafios necessários para fortalecer e enriquecer nossos pensamentos e mudar nossas atitudes. Saber desfrutar de cada momento, cada oportunidade, cada conquista com discernimento, com inteligência, na companhia das pessoas que amamos.

69

RELATOS DE UMA GUERRA

Jornalistas que foram para uma cidade da Ucrânia em busca de notícias e acontecimentos da guerra relataram uma história muito triste, que nos faz pensar, refletir e analisar o que uma população perde com a violência entre dois países que brigam pelo poder.

Em entrevistas, contaram que faziam uma reportagem dentro de um hospital, quando homens armados entraram fazendo buscas pelos corredores. Os médicos haviam dado aventais brancos aos jornalistas para que se passassem por profissionais da saúde, porque, se soubessem que estavam filmando, gravando, levariam e destruiriam todo o material que já tinham. Disseram, ainda, que as paredes do hospital tremiam com o impacto dos disparos de artilharia e metralhadoras do lado de fora. Quando menos se esperava, chegavam os soldados para levá-los com eles. Foi então que resolveram ir para a rua, abandonando os médicos que haviam lhes dado abrigo.

Dizem eles que o que viram lá não foi nada fácil de suportar. Mulheres grávidas tendo seus filhos da forma mais cruel e desumana. Muitas crianças morreram ao nascer, mães não resistiram e vieram a falecer com seus filhos. Pessoas que dormiam nos corredores, outras sem ter onde ficar, sem gás, sem água e sem luz. Casas, prédios destruídos e muitos mortos! Sentiram-se péssimos por deixá-los para trás sem ter o que fazer. E o pior: ainda sentiram muito medo de morrer, pois passaram por aglomerações, tiroteios. E a única saída era se jogar ao chão.

Para entender melhor: os policiais que pediram encarecidamente que fossem gravar tudo e mostrar ao mundo a morte e a destruição da cidade, no momento, pediam que fossem embora. Eles os conduziam em direção a milhares de carros danificados que preparavam para abandonar a cidade. Mães que embarcavam com os filhos pequenos, mas que lá deixavam esposo e filhos adultos para lutar na guerra. Deixavam uma vida toda de trabalho, sonhos, metas, conquistas, amigos e familiares. Assim, saíam apenas com seus pertences pessoais em busca de um abrigo em outro país. Sem ter a certeza de um dia poderem retornar.

Fatos como esses comovem e sensibilizam aqueles que ainda sabem amar e ter empatia pelo outro. Não se sabe ainda aonde isto vai parar. Lembrando o que Putin falou: "A Rússia é uma potência nuclear". Deve-se ter em mente que, uma vez aberta, a caixa de pandora da guerra desencadeia forças obscuras e assassinas que ninguém pode controlar.

Entre o bem e o mal, existe um ditado: "Cada um tem o que merece". Será que todas aquelas pessoas merecem sofrer? Perder tudo o que construíram? E, para muitos, perder a própria vida?

A busca de bens e poder às vezes obscurece a mente transformando os sentimentos, as emoções e os comportamentos. O ser humano caracteriza-se pela vontade de possuir tudo o que admira. As desilusões provocadas pela ganância são marcadas ao longo da história. A prova disso são os governos, os conglomerados e até as pessoas que ruíram por querer mais, pois não conseguem pensar na construção de uma sociedade mais justa e igualitária.

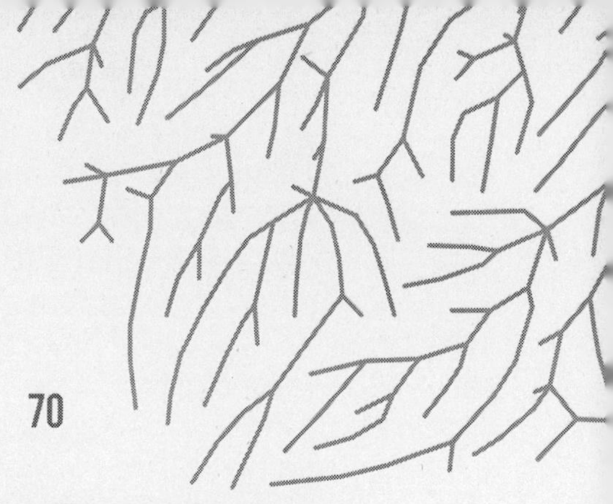

70

VIOLÊNCIA CONTRA A MULHER

Tratando-se especificamente da violência da mulher, percebe-se que são milhares as mulheres que de alguma forma sofrem violência pelos seus respectivos maridos, companheiros, namorados, pais e irmãos. São poucas as mulheres que contam a agressão sofrida a alguém, a um amigo, a um familiar, a um vizinho ou à polícia. Elas são de todas as classes sociais, culturas e religiões. Todas passam pelos mesmos sentimentos, os mesmos traumas. Passam pela insegurança, pelo isolamento, pelo medo, pela vergonha, pela culpa e pela revolta de se sentirem impossibilitadas diante de tal situação. O agressor cultiva a cultura do machismo, segundo a qual o homem manda, bate, e a companheira obedece e fica à mercê de seus atos. O companheiro parece ter posse da companheira, como se fosse um simples objeto.

Vive-se na democracia, porém ainda há mulheres que não conseguiram a liberdade plena. Mesmo com campanhas, trabalhos nas escolas, nas igrejas e nas redes sociais em prol da mulher, encontram-se as que sofrem discriminação, assédio moral na rua, no trabalho, em casa, no shopping e até em consultório médico.

Nos últimos dias se viram, pelo noticiário, muitos casos de vítimas de agressão e até mesmo de assassinatos de mulheres. Até quando a mulher será submetida à violência? O que precisa ser feito para que a mulher seja livre de preconceito, medo e insegurança?

Percebe-se que um dos principais tipos de violência contra a mulher ocorre dentro do lar, sendo esta praticada por pessoas próximas. E dá-se de diversas maneiras, por meio de agressão psicológica, física e verbal. No lugar de existir uma relação saudável de afeto e respeito, existe uma relação de violência, que muitas vezes ninguém percebe e da qual se fica sabendo quando a vítima vira notícia.

Há uma lei conhecida por todos, chamada Maria da Penha, para ajudar as mulheres, mas esta parece não intimidar os agressores. Uma das notícias mais recentes, que deixou todas as mulheres e toda a população indignada com tamanho crime, foi do médico que estuprou a paciente durante o parto. Quando se poderia suspeitar que ele fosse capaz de uma atrocidade dessa? Em um lugar em que era para se ter a maior segurança e tranquilidade para dar à luz seu filho.

Essa mãe certamente escolheu o melhor hospital para receber um bom atendimento, pois é um momento único e inesquecível parir um filho. Mostrou-se o comportamento do agressor como um crime. E merece o repúdio de todos! Deve ser punido de acordo com a legislação em vigor. O melhor a fazer é que fique o resto de seus dias atrás das grades, porque representa um perigo constante para a sociedade.

A cena mostrada pelas redes sociais é um ato repugnante, nojento, horrível, que apavora todas as mulheres. Nem no pior sonho se é capaz de dar conta de uma cena tão desesperadora! Uma mulher na sala de parto, dando à luz o filho, ser abusada pelo médico anestesista. Como serão os dias dessa mãe? Será que vai superar o trauma? Como lidar com o emocional?

Um monstro desses certamente não é obra de Deus e não pode pertencer à humanidade.

71

PERDE-SE MAIS UM HUMORISTA QUE ALIMENTA AS PESSOAS COM SEU SORRISO, SUA MEIGUICE E SEU AMOR

Perde-se hoje, sexta-feira 5/8/2022, o apresentador, humorista, ator entrevistador, dramaturgo, diretor, roteirista, pintor e escritor Jô Soares. Grande personagem brasileiro, que teve o humor como marca registrada. Um dos maiores humoristas do país.

Considerado imortal, pois terminou sua trajetória de vida, de trabalho, porém vivo para sempre na memória de quem compartilhou de sua alegria, sua essência, seu sorriso, seu humor, seus exemplos e de todo seu legado. Continua sendo o orgulho de todos que de alguma forma participaram de sua vida, seu trabalho e sua alegria. Um dos seus dizeres que marcam sua trajetória de vida é: "Tudo o que fiz, tudo o que faço, sempre tem como base o humor. Desde que nasci, desde sempre".

Define-se seu humor como uma análise para compreender o mundo. Dizia as verdades, as mentiras, as tristezas, tudo em forma de riso e de humor. Divertia-se com seus personagens, sorria e fazia todos sorrirem com inteligência, mesmo nos dias mais sombrios.

Assim como ele, vários humoristas brasileiros se destacaram pelos seus trabalhos e permanecem vivos para sempre. Entre eles, os mais conhecidos são: Ronald Golias, Grande Otelo, Nair Belo, Dara Gonçalves, Mazzaropi, Chico Anysio e Costinha. Esses artistas, assim como Jô Soares, mostraram ao país e ao mundo que a inteligência está presente em todos os seguimentos da sociedade e em todas as áreas de atuação. Eles foram e continuam sendo a demonstração do que uma sociedade democrática deseja — desejo esse de que as pessoas dos meios de comunicação mais influentes tenham uma formação e tenham condições de citar aquilo que estão fazendo e dizendo valendo-se de um panorama mais amplo da cultura.

Para cumprir o objetivo de fazer rir e levar graça ao público, o humor sempre se utilizou de estereótipos e caricaturas. Seja exacerbando trejeitos, seja satirizando aspectos culturais. Os humoristas apropriavam-se desses recursos em seus roteiros. Em outros tempos, o humor era livre, apropriavam-se de palavras, gírias engraçadas, e nada era proibido. Porém, com o "politicamente correto" — que se refere à neutralização de uma linguagem ou de um discurso, evitando-se o uso de narrativas estereotipadas ou que possam fazer referência às diversas formas de discriminação existentes, como o racismo, o sexismo, a homofobia etc. —, mudou-se a forma de fazer humor, precisando-se enriquecer ainda mais suas falas. Porém, esses humoristas continuaram fazendo seus trabalhos de qualidade, belos e engraçados.

Você pensa que fazer humor, fazer alguém rir, é fácil? Em tempos em que não se veem mais pessoas sorrirem? Não é não! Precisa-se ter o dom, o gosto, o amor e saber usar as palavras certas, inteligentes, para então provocar o riso e fazer o público esquecer-se dos problemas e mergulhar na graça e no encantamento do personagem. É preciso apropriar-se do próprio riso, da própria graça para fazer os ouvintes darem gargalhadas e flutuarem nas palavras engraçadas. Portanto, fazer humor é um trabalho, uma profissão, uma vocação. Porém, deve ser feito com inteligência, discernimento. Fazer humor é uma dádiva, é o alimento da alma que fortalece as pessoas com amor, carinho e f az viverem com mais alegria e entusiasmo.